EBS 수학의 백신과 함께 중등수학 완벽대비

수학의 문해력

① 수의 세계

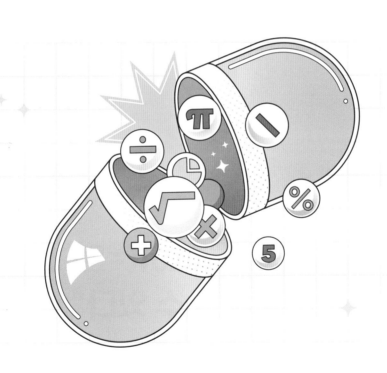

다른

중등수학을 시작할 때 반드시 알아야 하는 초등수학 개념!

"문제를 이해해야(=문해력) 답을 구할 수 있다"

수학의 문해력이란 수학 용어, 즉 수학의 언어를 해독(해석)하는 능력이에요. 《수학의 문해력》 시리즈는 조금 더 쉬운 언어로 수학의 언어를 이해할 수 있도록 도와줍니다. 수학이 어렵다고 느껴진다면 수학의 언어, 수학의 약속을 다시 천천히 학습해 보세요. 점점 수학과 소통이 되기 시작할 거예요.

다른 다른 생각이 다른 세상을 만듭니다 T. 02-3143-6478 | F. 02-3143-6479 | B. blog.naver.com/darun_pub

어렵고 힘든데 수학을 왜 배워야 해요?

가끔 이렇게 묻는 학생들이 있어요. 컴퓨터가 계산을 다 해주는데 수학을 배워서 무엇하느냐고 말이죠. 이런 질문을 하는 이유는 수학을 단순 문제풀이로 생각하기 때문일 거예요. 하지만 단순 계산이나 기계적인 문제풀이는 진정한 수학이 아니에요. 수학은 우리 삶과 일상의 모든 곳에 녹아 있는 정말 중요한 학문이에요.

여러 선진국과 비교해 봐도 우리나라 학생들은 수학 성적이 아주 높아요. 하지만 그런 학생들조차 시간이 지날수록 점점 수학을 어렵다고 느껴요. 문제풀이 스킬만 익히려고 하기 때문에 학년이 오를수록 수학과 멀어지는 것이죠. 유리수를 계산하는데 정작 유리수가 무엇인지 그 뜻을 아는 학생이 거의 없다는 게 오늘날 중고등학생들의 현실이랍니다. 유리수의 정확한 뜻은 모른 채 사칙연산만 연습한 학생들은 학년이 오를수록 수학이 어려울 수밖에 없습니다. 사칙연산만으로 풀 수 없는 문제들이 생기니까요.

결국 학년이 오를수록 수학이 어려워지는 것이 아니라, 수학을 제대로 배우지 못하고 학년만 높아지는 게 문제예요. 그리고 이 모든 문제점을 해결하는 방법이 바로 '수학의 문해력'을 키우는 것이죠.

여러분은 이제 '중등수학을 시작하기 전에 반드시 알아야 할' 수학의 언어를 배울 겁니다. 이 책 《수학의 문해력》 시리즈를 통해서라면 쉽고 재미있을 거예요. 수학 공부가 힘든 학생들에게 이 책이 든든한 힘이 되어 주길 바랍니다.

- 백은아 선생님

1
수학의 기초 체력을 기르는 '문해력'

수학을 이해하는 힘, '문해력'에서 출발해 '문해력'으로 끝납니다. 낯선 문제가 나와도 수학의 문해력이 튼튼하다면 당황하지 않게 될 겁니다. 이를 위해 교과연계에 따른 순차적 구성이 아닌, 개념별로 묶어서 하나하나 그 의미를 알려줍니다.

2
'예비중학생'을 위한 확실한 정리

초등수학에서 배우는 개념 가운데 중등수학에서 꼭 필요한 개념만을 쉽고 자세히! 새로운 개념을 배우면 이전에 배운 개념이 헷갈린다? 이 책은 앞서 배운 개념을 반복하며 그 위로 개념을 쌓아 가기 때문에 어느새 완벽히 내 것으로 만들 수 있습니다.

3
문제해결 능력을 키우는 '최적의 예제'

개념을 문제에 적용할 수 있어야 비로소 수학 공부가 완성되겠지요? 개념을 바로 적용하도록 다양한 확인 문제가 함께합니다. 또한 확실한 개념 정립을 위한 해결 과정과 친절한 풀이까지 짜임새 있습니다.

구성과 특징

1 문해력 UP

✚ 한 줄 정리, 예시, 설명 더하기까지 3단계에 이르는 명쾌한 정리로 확실히 개념을 다질 수 있습니다.

✚ 문해력 UP 코너는 어려운 수학용어를 쉽게 이해할 수 있게 도와줍니다.

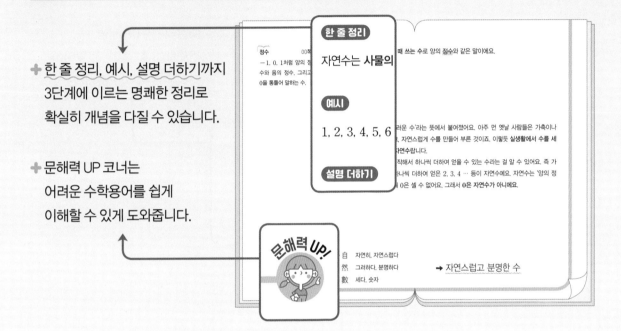

정수   00쪽
— 1, 0, 1처럼 양의 정...
수와 음의 정수, 그리고...
0을 통틀어 말하는 수.

한 줄 정리

자연수는 사물의 ... 때 쓰는 수로 양의 정수와 같은 말이에요.

예시

1, 2, 3, 4, 5, 6

설명 더하기

러운 수'라는 뜻에서 붙여졌어요. 아주 먼 옛날 사람들은 가축이나 ..., 자연스럽게 수를 만들어 부른 것이죠. 이렇듯 **실생활에서 수를 세** ... 자연수랍니다.
... 작해서 하나씩 더하여 얻을 수 있는 수라는 걸 알 수 있어요. 즉 가 ... 하나씩 더하여 얻은 2, 3, 4 ⋯ 등이 자연수예요. 자연수는 '양의 정 ... 이 0은 셀 수 없어요. 그래서 **0은 자연수가 아니에요.**

自   자연히, 자연스럽다
然   그러하다. 분명하다   ➡ 자연스럽고 분명한 수
數   세다. 숫자

2 사고력 UP

✚ 개념을 확장할 수 있도록 일상 속의 수학 개념을 소개합니다.

✚ 깜짝 퀴즈까지 등장! 시험에서 낯선 문제가 나와도 당황하지 않겠죠!

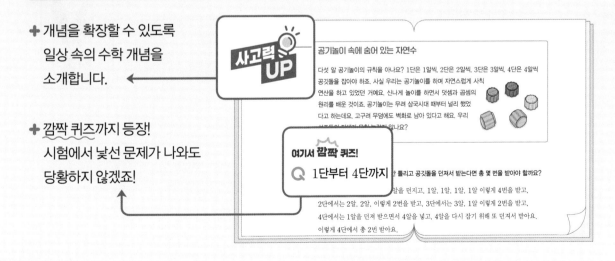

공기놀이 속에 숨어 있는 자연수

다섯 알 공기놀이의 규칙을 아나요? 1단는 1알씩, 2단은 2알씩, 3단은 3알씩, 4단은 4알씩 공깃돌을 잡아야 하죠. 사실 우리는 공기놀이를 하며 자연스럽게 사칙 연산을 하고 있었던 거예요. 신나게 놀이를 하면서 덧셈과 곱셈의 원리를 배운 것이죠. 공기놀이는 무려 삼국시대 때부터 널리 했었 다고 하는데요. 고구려 무덤에도 벽화로 남아 있다고 해요. 우리 ... 도 진짜 ...

여기서 깜짝 퀴즈!

Q 1단부터 4단까지 ... 틀리고 공깃돌을 던져서 받는다면 총 몇 번을 받아야 할까요?

... 알을 던지고, 1알, 1알, 1알, 1알 이렇게 4번을 받고,
2단에서는 2알, 2알, 이렇게 2번을 받고, 3단에서는 3알, 1알 이렇게 2번을 받고,
4단에서는 1알을 던져 받으면서 4알을 넣고, 4알을 다시 잡기 위해 또 던져서 받아요.
이렇게 4단에서 총 2번 받아요.

부분분수까지 알아보자

단위분수끼리 곱을 하면 분자는 항상 1입니다. 예를 들어서 $\frac{1}{3} \times \frac{1}{4} = \frac{1}{12}$ 입니다.

이를 이용하여 부분분수의 의미를 알아볼게요.

$\frac{1}{12} = \frac{1}{3} - \frac{1}{4}$ 로 나타낼 수 있어요. 그럼 $\frac{1}{12} + \frac{1}{20}$ 의 계산을 해볼까요?

$$\frac{1}{12} + \frac{1}{20} = \frac{1}{3 \times 4} + \frac{1}{4 \times 5} = \left(\frac{1}{3} - \frac{1}{4} \right) + \left(\frac{1}{4} - \frac{1}{5} \right)$$
$$= \frac{1}{3} - \frac{1}{5} = \frac{2}{15}$$

이 식을 잘 알아두세요.

$$\frac{1}{A \times (A+1)} = \frac{1}{A} - \frac{1}{A+1}$$

부분분수 🔍
: 어떤 분수의 분모를 n이라 할 때, 이 분수를 분모가 n의 약수인 분수들의 합이나 차로 나타낼 수 있어요.

공식 쏙쏙

$$\frac{1}{A \times (A+1)}$$
$$= \frac{1}{A} - \frac{1}{A+1}$$

고대 이집트인들이 사용한 단위분수

고대 이집트인들은 분수들을 기억수라고 다양부스럽 우천 하요로 나타내서 수의 계

➕ 헷갈리기 쉬운 개념,
주의해야 할 풀이, 꼭 알아야
공식은 쏙쏙 짚어줍니다.

➕ 오랜 시간 현장에서 쌓은 노하우!
백쌤의 한마디를 잊지 마세요.
나아가 백쌤의 수학 상담으로
고민 해결과 공부 비법까지
놓치지 마세요.

백쌤의
한마디

"선생님! 아는 문제인데 계산 실수를 자주 해요. 저 어떻게 하죠?"

수학 공부도 공기놀이와 똑같아요. 한 번에 갑자기 잘할 수 없어요. 1단, 2단, 3단과 같이 순서대로
올라가야 해요. 수학은 계단식 학문이에요. 앞 단원을 잘 밟아 놔야 그다음 단원으로 올라설 수 있어요.
수학은 누적 학문이에요. 하나씩 쌓아 두어야 점점 더 잘할 수 있어요. 오늘이 첫 단원이니 앞으로
을 한 계단씩 올라가면서 실력을 천천히 쌓아 봐요.

백쌤의
한마디

"선생님! 아는 문제인데 계산 실수를 자주 해요. 저 어떻게 하죠?"

수학 공부도 공기놀이와 똑같아요. 한 번에 갑자기 잘할 수 없어요. 1단, 2단, 3단과 같이 순서대로 한 단계씩
올라가야 해요. 수학은 계단식 학문이에요. 앞 단원을 잘 밟아 놔야 그다음 단원으로 올라설 수 있어요. 또한
수학은 누적 학문이에요. 하나씩 쌓아 두어야 점점 더 잘할 수 있어요. 오늘이 첫 단원이니 앞으로 수학의 계단
을 한 계단씩 올라가면서 실력을 천천히 쌓아 봐요.

5 적용력 UP

✚ 수학 문해력을 키웠다면
   이제는 실전에 들어가야죠.
   배운 개념을 바로 써먹는
   핵심 문제풀이로 적용력 향상!

적용력 UP

나타내고 계산하세요.

〔계산 과정〕
$18 - 5 + 60 \div 5$
$= 18 - 5 + (\quad)$
$= (\quad) + (\quad)$

(2) $20 - (12 + 23) \div 7 =$

〔계산 과정〕
$20 - (12 + 23) \div 7$
$= 20 - (\quad) \div 7$
$= 20 - (\quad)$

6 힘센 정리

✚ 가장 확실한 마무리!
   핵심 키워드 다시 읽기로
   한눈에 완성하는 문해력

힘센
정리

❶ 자연수의 혼합계산을 할 때에는 순서부터 정하기.

❷ 자연수의 혼합계산에서는 괄호를 가장 먼저.

❸ 자연수의 사칙연산은 곱셈과 나눗셈을 먼저 하고 덧셈과 뺄셈은 나중에.

"중등수학을 **시작**할 때 반드시 알아야 하는
초등수학 개념!"

차례

"진짜 중학교 수학을 준비할 때, 수학의 문해력"

03 약수와 배수의 세계

차례

04 정수와 유리수의 세계

수학이 어렵게 느껴진다면,
수학의 언어를 다시 살펴보세요.

05 실수와 제곱근의 세계

Chapter 1

자연수의
세계

수학 공부의 **시작**은 바로
'**수의 세계**'을 **탐험**하는 것이죠.
자! **자연수의 세계**부터
출발해 볼까요?

01

자연수

 자연수의 사칙연산(덧셈, 뺄셈, 곱셈, 나눗셈)을 배워서
실생활의 셈을 계산할 수 있어요.

교과연계 ⚭ **초등** 자연수의 혼합계산 ⚭ **중등** 정수와 유리수

정수 184쪽

ㅡ1, 0, 1처럼 양의 정
수와 음의 정수, 그리고
0을 통틀어 말하는 수.

(한 줄 정리)

자연수는 **사물의 개수를 셀 때 쓰는 수**로 양의 정수와 같은 말이에요.

(예시)

1, 2, 3, 4, 5, 6

(설명 더하기)

자연수라는 이름은 '자연스러운 수'라는 뜻에서 붙여졌어요. 아주 먼 옛날 사람들은 가축이나
물건을 셀 때 수가 필요했고, 자연스럽게 수를 만들어 부른 것이죠. 이렇듯 **실생활에서 수를 세
는 기초가 되는 것이 바로 자연수**랍니다.

한자의 뜻을 보면 1부터 시작해서 하나씩 더하여 얻을 수 있는 수라는 걸 알 수 있어요. 즉 가
장 작은 자연수는 1이고, 하나씩 더하여 얻은 2, 3, 4 … 등이 자연수예요. 자연수는 '양의 정
수'와 같은 말이에요. 그런데 0은 셀 수 없어요. 그래서 **0은 자연수가 아니에요.**

자 自   자연히, 자연스럽다
연 然   그러하다, 분명하다   → 자연스럽고 분명한 수
수 數   세다, 숫자

자연수의 사칙연산

수의 연산에서 덧셈, 뺄셈, 곱셈, 나눗셈을 '사칙연산'이라고 말해요. 네 가지 연산이지요. 더하기, 빼기, 곱하기, 나누기라고도 해요. 사칙연산에는 몇 가지 규칙이 있어요. 그 규칙에 맞춰서 사칙연산의 혼합계산을 할 수 있어요.

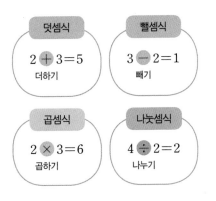

연산

: 식을 규칙에 맞게 계산하는 것. '연演'은 펼친다는 뜻이고, '산算'은 계산한다는 뜻이에요.

자연수 혼합계산하기

① 괄호가 있으면 괄호 안을 가장 먼저 계산해요.

$$30-(2+5)=30-7=23$$

② 괄호가 없으면 덧셈(뺄셈)보다 곱셈(나눗셈)을 먼저 계산해요.

$$30-2\times5=30-10=20$$

③ 곱셈과 나눗셈, 덧셈과 뺄셈은 앞에서부터 차례로 계산해요.

$$30\times2\div5=60\div5=12$$

아래와 같은 조금 복잡한 식도 계산 순서를 먼저 정해 계산해요.

(1) $49-3\times(4+2)$

이때에도 역시 괄호를 가장 먼저 계산해요. 곱셈과 뺄셈 중에서는 곱셈을 먼저 계산해요. 그럼 다음과 같은 답이 나오죠.

$$49-3\times(4+2)=49-3\times6$$
$$=49-18$$
$$=31$$

(2)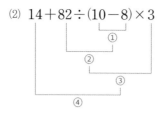

여기서도 괄호를 가장 먼저 계산하고 나눗셈과 곱셈은 앞에서부터 차례로 계산해요.

$$14+82 \div (10-8) \times 3$$
$$=14+82 \div 2 \times 3$$
$$=14+41 \times 3$$
$$=14+123$$
$$=137$$

공기놀이 속에 숨어 있는 자연수

다섯 알 공기놀이의 규칙을 아나요? 1단은 1알씩, 2단은 2알씩, 3단은 3알씩, 4단은 4알씩 공깃돌을 잡아야 하죠. 사실 우리는 공기놀이를 하며 자연스럽게 사칙 연산을 하고 있었던 거예요. 신나게 놀이를 하면서 덧셈과 곱셈의 원리를 배운 것이죠. 공기놀이는 무려 삼국시대 때부터 널리 했었다고 하는데요. 고구려 무덤에도 벽화로 남아 있다고 해요. 우리 선조들의 지혜가 무척 놀랍지 않나요?

여기서 깜짝 퀴즈!

Q 1단부터 4단까지 한 번도 안 틀리고 공깃돌을 던져서 받는다면 총 몇 번을 받아야 할까요?

깜짝 퀴즈의 정답은?

A 5개의 공깃돌로 1단에서는 1알을 던지고, 1알, 1알, 1알, 1알 이렇게 4번을 받고, 2단에서는 2알, 2알 이렇게 2번을 받고, 3단에서는 3알, 1알 이렇게 2번을 받고, 4단에서는 1알을 던져 받으면서 4알을 놓고, 4알을 다시 잡기 위해 또 던져서 받아요. 이렇게 4단에서 총 2번 받아요.

모두 합하면, $4+2+2+2=10$번을 받는 거지요.

백쌤의 한마디

수학 공부도 공기놀이와 똑같아요. 한 번에 갑자기 잘할 수 없어요. 1단, 2단, 3단과 같이 순서대로 한 단계씩 올라가야 해요. 수학은 **계단식 학문**이에요. 앞 단원을 잘 밟아야 그다음 단원으로 올라설 수 있어요.
또한 수학은 **누적 학문**이에요. 하나씩 쌓아 두어야 점점 더 잘할 수 있어요. 오늘이 첫 단원이니 앞으로 수학의 계단을 하나씩 올라가면서 실력을 천천히 쌓아 봐요.

1 다음 식의 계산 순서를 나타내고 계산하세요.

(1) $18-5+60 \div 5=$

┌ 계산 과정 ─
│ $18-5+60 \div 5$
│ $=18-5+(\quad)$
│ $=(\quad)+(\quad)$
│ $=(\quad)$

(2) $20-(12+23) \div 7=$

┌ 계산 과정 ─
│ $20-(12+23) \div 7$
│ $=20-(\quad) \div 7$
│ $=20-(\quad)$
│ $=(\quad)$

2 사과 1개의 가격은 1200원, 귤 5개의 가격은 3000원, 배 1개의 가격은 1400원입니다. 사과 1개와 귤 1개의 가격의 합이 배 1개의 가격보다 얼마나 더 비싼지 구하는 식을 하나로 써보고 답을 구하세요.

(1) 귤 1개의 가격을 구하는 식과 답을 쓰세요.

(2) 사과 1개와 귤 1개의 가격의 합을 식으로 쓰세요.

(3) 사과 1개와 귤 1개의 가격의 합이 배 1개의 가격보다 얼마나 더 비싼지 구하는 식을 하나로 써보고 답을 구하세요.

힘센 정리

❶ 자연수의 혼합계산을 할 때에는 순서부터 정하기.

❷ 자연수의 혼합계산에서는 괄호를 가장 먼저.

❸ 자연수의 사칙연산은 곱셈과 나눗셈을 먼저 하고 덧셈과 뺄셈은 나중에.

02

짝수

짝수가 무엇인지 알고 짝수의 곱의 성질을 알 수 있어요.
두 자리 이상의 큰 수가 짝수인지 아닌지 알 수 있어요.

교과연계 ∽ **초등** 짝수와 홀수 ∽ **중등** 경우의 수 ∽ **고등** 순열과 조합

한 줄 정리

짝수란 둘씩 짝을 지을 수 있는 수를 뜻해요. 즉, **2로 나누어떨어지는 수**입니다.

예시

(초등) 자연수   2, 4, 6, 8
(중등) 정수   −6, −4, −2, 0, 2, 4, 6, 8

설명 더하기

홀수   22쪽
2로 나누어떨어지지 않
는 수.

초등과정에서는 자연수 범위인 2, 4, 6, 8과 같이 **둘씩 세었을 때 남는 수가 없는 수**를 짝수라
고 해요. 중학과정에서는 정수까지 범위를 확장해 배우는데 여기서 짝수는 $2 \times n$ (n은 정수)
이라고 표현해요. −6, −4, −2, 0, 2, 4, 6과 같아요. 짝수의 반대말은 **홀수**인데 이건 다음
단원에서 다시 다룰게요.

짝   둘이 한 쌍을 이루다
수 數 세다, 숫자

→ 둘씩 짝을 이룰 수 있는 수

0은 짝수일까요?

짝수의 사전적 의미를 살펴보면 2로 나누어 나머지가 0이 되는 수예요. 그럼 0은 짝수일까요, 홀수일까요? 0은 2로 나누면 나머지가 0이 되니까 짝수겠죠?

하지만 초등과정에서는 자연수 범위까지만 생각하기 때문에 0은 짝수인지 홀수인지 생각해 본 적이 없는 사람이 많을 거예요. 0은 짝수도 아니고 홀수도 아니라고 생각하는 사람도 많고요. 중학과정에서 0은 사전적 의미에 따라 분명히 짝수입니다. 그렇다면 30은 짝수일까요? 네, 맞아요. 끝자리가 0 또는 짝수로 끝나면 그 수는 짝수입니다.

곱이 짝수가 되는 수

곱해야 하는 두 수 중에 하나라도 짝수가 있다면 그 답은 반드시 짝수입니다. 만약에 두 수를 곱했는데 그 답이 홀수라면 두 수는 모두 홀수예요.

$$\text{짝수} \times \text{짝수} = \text{짝수}$$
$$\text{짝수} \times \text{홀수} = \text{짝수}$$
$$\text{홀수} \times \text{짝수} = \text{짝수}$$
$$\text{홀수} \times \text{홀수} = \text{홀수}$$

자연수에서 짝수의 개수를 구하는 방법

1부터 10까지 자연수는 모두 10개가 있어요. 이 중에 2, 4, 6, 8, 10이 짝수예요. 다시 말해 1부터 10까지의 자연수 중에서 짝수는 모두 5개입니다. 이것을 하나하나 세지 말고, 짝수가 몇 개 있는지 바로 알 수 있는 방법이 있을까요?

1부터 n까지의 자연수 중에 짝수의 개수를 구하는 방법은 간단해요.
마지막 n을 2로 나누어 보세요. 그럼 끝!

만약 n이 짝수가 아니라서 2로 딱 나누어떨어지지 않으면 어떡하냐고요? 그럼 바로 그 앞의 짝수를 2로 나누면 됩니다. 예를 들어 볼까요?

1부터 50까지의 자연수 중에서 짝수의 개수는 마지막 수인 50을 2로 나눈 25개랍니다. 그럼 1부터 51까지의 자연수 중에서 짝수는 모두 몇 개일까요? 마지막 수가 51이라서 2로 나누어떨어지지 않으므로, 그 바로 앞의 짝수인 50을 2로 나누면 됩니다. 그럼 정답은 25개죠.

여기서 보듯 1부터 50 사이의 짝수와 1부터 51 사이의 짝수의 개수는 같아요!

> **공식 쏙쏙**
>
> 1부터 n까지
> 짝수의 개수
> ① n이 짝수일 때
> $n \div 2$(개)
> ② n이 홀수일 때
> $(n-1) \div 2$(개)

달력 속에 숨어 있는 짝수(2배 원리)

달력에는 '9개 수의 규칙'이 숨어 있습니다. 그림 속 네모 박스를 보세요. 가로세로에 3개씩 총 9개의 수가 있죠. 여기서 가운데 수를 중심으로 마주 보고 있는 두 수의 합은 언제나 가운데 수의 2배가 됩니다. 신기하다고요? 그런데 수학을 알면 아주 간단한 원리랍니다.

일주일은 총 7일이죠. 가운데 11을 기준으로 윗줄에 있는 수는 7일 전인 4일이고, 아랫줄에 있는 수

11월						
월	화	수	목	금	토	일
						1
2	3	4	5	6	7	8
9	10	⑪	12	13	14	15
16	17	18	19	20	21	22

는 7일 후인 18일이에요. 그러니 4일과 18일을 더한다는 것은 $(11-7)$일과 $(11+7)$일을 더하는 것과 같아요. 따라서 11의 2배인 22가 되는 것이죠.

그럼 4일보다 하루 전인 3일과 18일보다 하루 뒤인 19일도 합은 마찬가지가 되겠죠?
식으로 보면 다음과 같아요.

$$\begin{aligned} 11 - 7 &= 4 \\ + \quad 11 + 7 &= 18 \\ \hline 22 \qquad &= 22 \end{aligned}$$

$$\begin{aligned} 11 - 8 &= 3 \\ + \quad 11 + 8 &= 19 \\ \hline 22 \qquad &= 22 \end{aligned}$$

(참고: 고등과정 등차수열의 등차중항)

1 다음 두 수 사이의 짝수의 개수를 구하세요.

⑴ 1부터 100 사이의 짝수의 개수

> **풀이1**
>
> 1부터 100 사이의 짝수의 개수는 1부터 (　　)까지의 짝수의 개수와 같아요.
> 즉, 마지막 짝수인 자연수가 98이므로 98을 (　　)로 나눈 (　　)개예요.

> **풀이2**
>
> 1부터 100까지의 짝수의 개수는 100을 (　　)로 나눈 (　　)개예요. 따라서 1부터
> 100 사이의 짝수의 개수는 (　　)개를 제외한 (　　)개예요.

참고 1부터 100까지의 짝수의 개수와 1과 100 사이의 짝수의 개수를 혼동하지 않도록
해야 해요.

⑵ 14부터 128 사이의 짝수의 개수

2 정육면체 주사위에 1부터 6까지 숫자를 쓴 뒤 이 주사위를 두 번 던질 때, 그 수의 곱이
짝수가 나오는 가짓수는 모두 몇 가지일까요?

> **정육면체**
>
> : 여섯 개의 합동인 정
> 사각형으로 둘러싸인
> 입체도형

**힘센
정리**

❶ 짝수는 2로 나누어떨어지는 수.

❷ 끝자리가 0 또는 짝수로 끝나면 그 수는 짝수.

❸ 적어도 하나가 짝수인 두 수의 곱은 짝수.

03

홀수

홀수가 무엇인지 알고 짝수와 홀수의
덧셈, 뺄셈, 곱셈의 성질을 알 수 있어요.

교과연계 ∞ **초등** 짝수와 홀수 ∞ **중등** 일차방정식 활용

한 줄 정리

홀수란 둘씩 짝을 지을 수 없는 수를 뜻해요. 즉, **2로 나누어떨어지지 않는 수**입니다.

예시

(초등) 자연수 범위: 1, 3, 5, 7
(중등) 정수 범위: $-7, -5, -3, -1, 1, 3, 5$

설명 더하기

> **소수**   34쪽
> 1보다 큰 자연수 중 1과
> 자기 자신만으로 나누어
> 떨어지는 수.

홀수는 짝수와는 반대되는 개념이죠. **둘씩 세었을 때 하나가 남는다면** 홀수예요. 즉, 물건을
2개씩 나누어 담을 때 마지막에 물건이 1개 남으면 그 물건은 홀수 개인 것이죠. 짝수도 2씩
커지는 수이고, 홀수도 2씩 커지는 건 같아요. 이 성질을 이용해서 연속한 세 짝수나 연속한 세
홀수를 구할 수 있어요.
한 걸음 더! 2를 제외한 모든 소수는 홀수랍니다.

홀　　짝이 없어서 혼자다
수 數　세다, 숫자　　　➜ 둘씩 짝을 이룰 수 없는 수

홀수와 짝수의 사칙연산

① 홀수와 짝수를 더하면?

홀수＋홀수＝짝수	홀수＋짝수＝홀수
짝수＋짝수＝짝수	짝수＋홀수＝홀수

② 홀수와 짝수를 빼면?

홀수－홀수＝짝수	홀수－짝수＝홀수
짝수－짝수＝짝수	짝수－홀수＝홀수

③ 홀수와 짝수를 곱하면?

홀수×홀수＝홀수	홀수×짝수＝짝수
짝수×짝수＝짝수	짝수×홀수＝짝수

연속한 세 수

연속한 세 자연수란 1, 2, 3 또는 2, 3, 4와 같은 수처럼 1씩 커지는 세 자연수를 이야기해요. 연속한 세 짝수는 2, 4, 6 또는 4, 6, 8과 같은 수처럼 짝수로 시작해서 2씩 커지는 세 개의 수를 이야기하고요. 그렇다면 연속한 세 홀수는 몇 씩 커지는 수일까요? 네, 바로 1, 3, 5 또는 3, 5, 7과 같이 2씩 커집니다.

그렇다면 어떤 연속한 세 홀수의 합이 21이라면 그 세 수는 무엇일까요? 힌트! 앞의 「짝수」에서 소개한 '달력 속에 숨어 있는 짝수'의 원리와 같아요.

$$A＋B＋C＝21$$

여기서 A, B, C는 모두 홀수입니다. 그리고 이 셋이 연속해 있으므로 A는 B보다 2가 작고, C는 B보다 2가 큽니다. 이 셋의 총합이 21이므로 3으로 나눈 수인 7이 가운데에 있는 B입니다. 그럼 A는 7보다 2가 작은 5가 되고요, C는 7보다 2가 큰 9가 되네요. 그러므로 합이 21이 되는 연속한 세 홀수는 5, 7, 9입니다.

연속하다

: 끊이지 않고 쭉 이어진다. 계속된다는 뜻이에요.

공식 쏙쏙

연속한 세 홀수와 세 짝수는 2씩 커진다.

A: $x－2$
B: x
C: $x＋2$
→ A＋B＋C
  ＝$x×3$

정사각형 속에 숨어 있는 홀수의 합

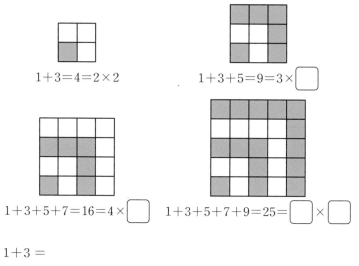

$1+3=4=2\times2$

$1+3+5=9=3\times\boxed{}$

$1+3+5+7=16=4\times\boxed{}$

$1+3+5+7+9=25=\boxed{}\times\boxed{}$

$1+3=$

$1+3+5=$

$1+3+5+7=$

$1+3+5+7+9=$

...

이렇게 **홀수들의 합은 어떤 자연수의 제곱**이 됩니다.

홀수는 싸다?

여러분 혹시 '홀수 가격 이론'이라고 들어보았나요? 어떤 물건의 가격을 정할 때, 그 가격을 홀수로 하면 사람들은 심리적으로 값이 싸다고 느낀다고 해요. 실제로 마트나 홈쇼핑에서 9900원이나 19000원처럼 제품의 가격이 99, 19와 같은 홀수인 것을 자주 봤을 거예요. 그 모든 건 마케팅 전략 때문이랍니다. 물건이 싸다고 느끼게 만들어서 많이 팔려고 하는 것이죠. 비슷한 이유로 제품의 가격을 올려야 할 때도 300원이었던 것을 400원으로 올리는 것보다는 500원이나 700원처럼 홀수로 올리는 경우가 많다고 해요.

자, 여러분 만약에 완전히 똑같은 물건이 2개 있다고 생각해 보세요. 그런데 가격이 달라요. 하나는 1000원이고 다른 하나는 990원이에요. 여러분은 어떤 것을 살 건가요? 당연히 990원짜리를 사겠죠? 왜냐하면 10원이 더 싸니까요.

그런데 이 물건이 안 사도 그만인 물건이라면 어떨까요? 우리는 굳이 필요 없는 물건이어도 990원이면 덥석 살 가능성이 높다고 해요. '천원도 안 되는 값이네!' 하고 소비로 이어지는 것이죠. 990원과 1000원의 차이는 고작 10원인데도 심리적으로 느끼는 차이는 크답니다.

1 연속한 세 홀수의 합이 51이 되는 세 홀수 중에서 가장 큰 수를 구하세요.

> 풀이
>
> 연속한 세 홀수는 (　　)씩 커지는 수예요.
>
> 가운데 있는 수를 기준으로 앞의 수는 (　　)만큼 작고, 뒤의 수는 (　　)만큼 커요.
>
> 합이 51이므로 51을 (　　)으로 나누면 가운데 수인 (　　)이 돼요.
>
> 즉, 연속한 세 홀수 중 가장 큰 수는 (　　)보다 (　　)만큼 큰 (　　)입니다.

2 다음은 홀수 또는 짝수가 그려진 그림을 이용해서 홀수와 짝수의 합의 관계를 알아본 것입니다. 네모 안에 알맞은 말을 쓰세요.

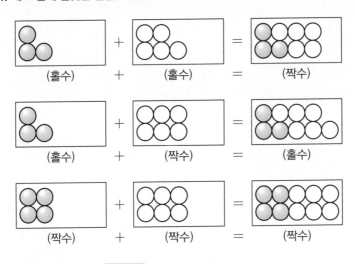

(1) 홀수에 홀수를 더하면 [　　　] 가 됩니다.

(2) 홀수에 짝수를 더하면 [　　　] 가 됩니다.

(3) 짝수에 짝수를 더하면 [　　　] 가 됩니다.

힘센 정리

❶ 홀수는 2로 나누어떨어지지 않는 수.

❷ 연속한 세 홀수란 홀수로 시작해서 2씩 커지는 세 개의 수.

❸ 연속한 홀수들의 합을 이용해 세 홀수를 찾을 수 있다.

04

자릿수

0부터 9까지 10개의 수를 사용해
한 자리보다 더 큰 수들을 표현할 수 있어요.

교과연계 🔗 **초등** 자릿수, 큰 수 🔗 **중등** 소인수분해, 일차방정식 활용

한 줄 정리

자릿수는 **수의 자리**를 말해요.

예시

일, 십, 백, 천, 만

설명 더하기

자연수 14쪽
1, 2, 3처럼 사물의 개수를 셀 때 쓰는 수.

자연수 3, 5, 1을 따로 보면 3개의 자연수입니다. 그러나 351이라고 쓰면 우리는 백의 자리의 수가 3이고, 십의 자리의 수가 5이고 일의 자리의 수가 1이라고 해서 "삼백오십일"이라고 읽죠. 여기서 351은 세 자리의 수라고 해요.

다시 말해 **숫자가 나타나는 위치에 따라 그 수의 값이 결정된답니다.** 일의 자리에 있는 1은 1이지만, 십의 자리에 있는 1은 10인 것이죠.

자리 서거나 앉아 있는 위치
수 數 세다, 숫자

➜ <u>숫자가 서 있는 위치</u>

십진법이란 무엇일까요?

$$0, 1, 2, 3, 4, 5, 6, 7, 8, 9$$

이 10개의 숫자를 한 묶음으로 써서 10배마다 윗자리로 올려 나아가는 표시법을 십진법이라고 해요. 우리가 평소에 쓰는 수의 진법입니다. 십진법은 고대 이집트 문명에서 나온 것으로 수를 세는 방법 중에서도 가장 많이 쓰는 방법입니다. 이것은 인간의 손가락이 10개인 것과 밀접한 관련이 있다고 해요. 그렇다면 손가락이 6개인 외계인이 있다면 이 외계인들은 육진법의 수를 사용할까요?

십진법의 전개식

3501은 어떤 수인지 십진법의 전개식으로 나타내 볼까요?

$$3501 = 3000 + 500 + 1$$

따라서 3501은 천의 자리의 수가 3이고, 백의 자리의 수가 5이고, 일의 자리의 수가 1인 수입니다. 3501에서의 0은 십의 자리의 수가 없다는 것을 의미해요. 0은 자릿수에서 무척 중요한 역할을 하지요.
또한 300보다 3000은 10배가 큰 수가 됩니다. 이때도 0은 중요한 자릿수의 역할로 사용되고 있어요.

> **전개식**
> : 식을 전개하여 얻은 식

백쌤의 한마디

인간의 문명이 발전하면서 수학도 함께 발전했어요. 추상적인 개념을 구체화하는 과정에서 '수'를 떠올린 것이죠. 그리고 수를 이용한 셈을 통해 수를 더더욱 체계적으로 만들고 확장했어요. 수학은 이렇듯 인류의 역사와 함께 자연스레 성장한 학문입니다. 그래서 모든 학문의 기초이지요. 경제활동뿐만 아니라 일상에서도 수학을 잘해야 똑똑하게 생활할 수 있어요. 그리고 앞으로 더 큰 과학 발전을 이루기 위해서는 수학을 연구하는 일이 무엇보다 중요한 과제랍니다.

지폐 속에 숨어 있는 0을 이용한 자릿수

여러분은 1000원과 10000원을 놓고 둘 중에 하나를 선택하라고 하면 어떤 지폐를 고를 건가요? 아마도 망설임 없이 10000원을 선택하겠죠?

당연하죠. 10000원이 1000원보다 10배가 큰 수, 즉 1000원짜리 지폐 10장과 10000원짜리 지폐 1장의 가치가 같다는 걸 알고 있으니까요. 이렇게 지폐에서 자릿수는 돈의 가치와 관련 있습니다.

혹시 4~5살 때의 기억이 나나요? 그때의 아이들은 대개 돈의 가치를 잘 모르고 구별도 잘 못 해요. 다만 '많다', '적다'의 개념만 있을 뿐이에요. 그래서 명절에 어른들이 10000원짜리 지폐 1장과 1000원짜리 지폐 5장 중에 어떤 것을 갖고 싶냐고 물으면 1초의 망설임도 없이 1000원짜리 지폐 5장을 선택합니다. 왜냐하면 1000원짜리 지폐 5장이 아이가 보기에 많으니까요.

그러다가 5~6살이 되면 아이들은 지폐의 가치를 색깔로 구별합니다. 아직은 지폐에 써 있는 '큰 수'의 개념을 알기 어렵거든요. 알고 있는 수는 1부터 10 정도에 이르고, 한 자릿수의 수를 더하고 뺄 수 있는 수준이거든요. 그러니 '파란색 돈보다는 녹색 돈이 더 좋다'는 식으로 지폐를 이해합니다.

하지만 초등학교에 입학하고 수의 개념과 자릿수를 배우게 되면 지폐에 있는 숫자의 의미를 정확하게 알게 됩니다. 10000원을 1000원짜리 10장으로 교환하는 것도 알게 되고, 차곡차곡 돈을 모으는 저축의 개념도 생기죠.

만원×1장

오천원×2장

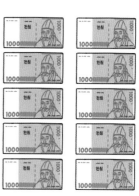

천원×10장

1 다음 수 중에 밑줄 친 수가 실제로 의미하는 수를 쓰세요.

⑴ 38<u>7</u>60

⑵ <u>6</u>013

2 십의 자리의 수가 일의 자리의 수의 2배이고, 각 자릿수의 합이 9인 두 자리 자연수를 구하세요.

> ─풀이─
>
> 십의 자리의 수가 일의 자리의 수의 2배인데 각 자릿수의 합이 9이므로 십의 자리의 수와 일의 자리의 수의 합은 ( )의 배수예요.
>
> 즉, 9를 ( )으로 나누면 ( )이 되고, 이 수는 일의 자리의 수가 돼요. 십의 자리의 수는 이 수의 ( )배인 ( )이 돼요. 결국 구하고자 하는 두 자리의 자연수는 ( )이에요.

3 아래 그림과 같이 네 자리의 자릿수 카드가 있어요. 각 자리에는 0부터 9까지 10장의 카드가 있고, 현재 자릿수 카드에 적힌 수가 아래 그림과 같아요. 백의 자리의 카드는 5장을, 일의 자리 카드는 3장을 높은 수로 바꾼다면 자릿수 카드에 적힌 수는 몇이 될까요? 그리고 처음의 수와 비교해서 얼마큼 커진 수인가요?

힘센 정리

❶ 자릿수는 일, 십, 백, 천, 만 같은 수의 자리!

❷ 0은 자릿수에서 중요하다.

❸ 십진법의 전개식을 이용해 각 자리의 수를 알 수 있다.

05

만, 억, 조

만, 억, 조가 얼마나 큰 수인지 알 수 있어요.
큰 수의 단위로 무엇을 쓰는지 알 수 있어요.

교과연계 ∞ **초등** 자릿수, 큰 수 ∞ **중등** 부등식

한 줄 정리

**만 이상의 다섯 자릿수부터는 뒤에서부터 4개의 숫자마다
다른 이름을 붙여 '만', '억', '조'라고 불러요.**

예시

만: 10000 또는 1만
억: 100000000 또는 1억
조: 1000000000000 또는 1조

설명 더하기

네 자릿수를 읽을 때는 '일, 십, 백, 천'과 같은 자리 이름대로 읽을 수 있어요. 하지만 다섯 자리
의 수부터는 뒤에서부터 4개의 숫자마다 다른 이름을 붙이게 돼요. 그게 바로 '만', '억', '조'와
같은 이름이에요. **억은 만의 1만 배고요, 조는 억의 1만 배랍니다.**

만 萬 천의 열 배
억 億 만의 만 배
조 兆 억의 만 배

➜ <u>천 다음부터는 만 / 억 / 조</u>

큰 수를 읽는 방법

큰 수를 읽을 때는 앞에서부터 읽어야 해요. 하지만 자리의 이름을 알려면 뒤의 자리, 즉 **일의 자리부터 네 자리씩 끊은 다음** '만, 억, 조'의 단위를 표시하고 천백십일을 반복해서 읽으면 돼요.

큰 수를 수로 나타낼 때는 앞에서부터 차례대로 써야 합니다. 하지만 읽지 않은 자리에는 꼭 0을 써서 자릿수를 정확히 표시해야 해요.

> 2345678902345678

→ 2345 | 6789 | 0234 | 5678

→ 2345조 6789억 0234만 5678

→ 이천삼백사십오조육천칠백팔십구억이백삼십사만오천육백칠십팔

큰 수의 크기 비교하기

두 수를 견주어 크고 작음을 알아보는 것을 '수의 비교'라고 해요.

① 두 수의 크기를 비교할 때는 **자릿수가 많은 쪽이 더 큰 수**예요.
② **자릿수가 같을 때에는 높은 자릿수부터** 차례로 비교하면 돼요.

예를 들어서 2와 3처럼 작은 수들은 그냥 보아도 3이 크다는 것을 바로 알 수 있어요. 그리고 22와 23처럼 두 자릿수도 23이 더 큰 수라는 걸 쉽게 알 수 있지요. 그런데 만, 억, 조와 같이 '큰 수'들도 무엇이 더 큰 수인지 바로 알 수 있나요?

348864311933
318864311933

위의 두 수의 크기를 비교해 볼까요? 어떤 수가 더 큰지 바로 알 수 있나요? 이럴 때에는 우선 자릿수가 같은지 보고, 자릿수가 같다면 높은 자리 숫자부터 차례로 비교하면 좋아요.

348864311933

318864311933

우선 천억의 자리의 수가 3으로 같으니까 넘어가고요. 그다음으로 백억의 자리의 수를 비교하면 4와 1인데, 4가 1보다 크죠. 그러므로 348864311933이 더 큰 수예요.

그리고 두 수를 비교할 때는 기호를 쓰기도 하는데요. 이를 부등호라고 해요. '1은 4보다 작다'는 것을 부등호를 사용해 표현하면 '1 < 4'가 되지요.

구글의 이름

구글이라는 웹사이트를 아나요? 오늘날 필요한 정보가 있을 때 검색 사이트로 많이 쓰죠. 이 웹사이트의 이름은 원래 구글(google)이 아니라 구골(googol)이었다고 해요. 원래 이름에는 아주 큰 수학적인 의미가 있었답니다. 구골의 크기는 10을 100번 곱한 10^{100}을 말해요. 얼마나 큰지 상상이 되나요? 세상의 수많은 지식을 다 검색하겠다는 포부를 10^{100}이라는 거대한 숫자에 담은 것이죠.

그런데 이렇게 수학적인 이름이 어쩌다 구글이 되었을까요? 그것은 이 회사의 투자자가 수표에 회사 이름을 실수로 잘못 써서라고 해요. 한 번 잘못 쓴 의미 없는 이름이 그대로 이 회사의 공식 이름이 되어 버린 것이죠. 참고로 현재까지 지구상에서 가장 큰 수는 '10의 구골 제곱'인 '구골 플렉스'입니다.

쉼표를 찍는 이유

1,000,000원 (＝백만원)

여기서 1과 000 사이, 그리고 000과 000 사이에 두 번 쉼표를 찍었는데요. 이 방법은 서양의 표시법입니다. 서양에서는 1000, 100만, 10억, 1조처럼 세 자리마다 단위가 바뀝니다. 그래서 이렇게 단위가 바뀌는 자리에 쉼표를 찍어 쉽게 구분을 해요. 그리고 전 세계가 이 방법을 사용하죠.

그런데 이 방법이 동양 사람에게는 좀 헷갈립니다. 동양에서는 만, 억, 조처럼 네 자리마다 단위가 바뀌기 때문이에요. 만약 동양의 방법대로 백만 원에 쉼표를 붙인다면 다음과 같이 써야겠죠?

100,0000원 (＝백만원)

1 다음 밑줄 친 수가 실제로 의미하는 수를 쓰세요.

(1) 38<u>7</u>60<u>8</u>00

> 풀이
> 앞의 7은 (   ) 뒤에 8은 (   )이에요.

(2) 889<u>6</u>01773

> 풀이
> 앞의 6은 (   ) 뒤에 3은 (   )이에요.

2 □ 안에 들어갈 수 있는 알맞은 숫자는 모두 몇 개일까요?

$$57679000467898 > 57\square99100467896$$

> 해결 과정
> 57679000467898
> 57□99100467896
> 자릿수가 같으므로 (   ) 자리 숫자부터 차례로 비교해요. 앞의 두 자리 숫자가 같으므로 (   )과 □를 비교해 봐요. 주어진 조건을 만족하려면 (   )보다 (   ) 수여야 해요. 따라서 □ 안에 들어갈 수 있는 알맞은 숫자는 (   )이므로 (   ) 개입니다.

힘센 정리

❶ 큰 수를 나타내는 표현에는 만, 억, 조 등이 있다.
❷ 큰 수는 네 자리씩 끊어 읽는다.
❸ 자릿수가 많은 쪽이 더 큰 수.
❹ 자릿수가 같을 때에는 높은 자리 숫자부터 차례로 비교.

06

소수

오늘 나는

> 자연수의 성질을 이해하는 데 도움이 되는
> 소수를 알고 자연수 중에서 소수를 찾을 수 있어요.

교과연계 ⚭ **초등** 약수와 배수 ⚭ **중등** 소인수분해

한 줄 정리

소수는 **1보다 큰 자연수 중 1과 자기 자신만으로 나누어떨어지는 수**예요.

예시

2, 3, 5, 7, 11, 13, 17, 19, 23, 29, 31

설명 더하기

2는 1과 2로만 나누어떨어지므로 소수이죠. 3도 1과 3으로만 나누어떨어지므로 소수이고요. 그러나 4는 1과 4뿐만 아니라 2로도 나누어떨어지므로 소수가 아니에요. 교과서에서 '작은 수들의 곱'이라는 문장을 본 적 있지요? 6을 2와 3의 곱으로 나타내었을 때 2와 3이 바로 소수예요.

여기서 한 걸음 더! 소수가 아닌 4와 같은 수를 합성수라고 해요. 그렇다면 1은 어때요? 1은 소수가 아닙니다. 그렇다고 합성수도 아니에요. 그래서 **자연수는 1과 소수와 합성수로 나눌 수 있어요.**

합성수 🔍
: 약수가 3개 이상인 수.

문해력 UP!

소 素 바탕, 기본
수 數 세다, 숫자

➜ 기본이 되는 수

소수? 소수?

소수라고 하면 소수(素數)보다는 먼저 46.89와 같이 소수점으로 표시하는 소수(小數, decimal)가 떠오를 겁니다. 원래 한자나 영어로는 다른 말이지만 한글로는 구분이 되지 않아 헷갈릴 수밖에 없죠? 다만 발음이 약간 달라서 소수(素數)의 '소'는 짧고 뒤의 수는 쎈 발음인 '소쑤'처럼 들리고, 소수(小數)의 '소'는 '소오수'처럼 길게 들립니다.

소수【소:수】 ➡ 일의 자리보다 작은 자릿값을 가진 수.

　　　　0.1, 0.2, 0.3 …

소수【소쑤】 ➡ 1과 자기 자신만으로 나누어떨어지는 수.

　　　　2, 3, 5, 7, 11 …

소수점　　　　　92쪽
소수에서 정수 부분과 소수 부분을 나누는 점.

소수　　　　　　80쪽
일의 자리보다 작은 자릿값을 가진 수.

체를 이용한 소수 구하기

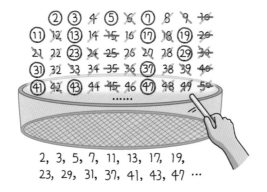

2, 3, 5, 7, 11, 13, 17, 19,
23, 29, 31, 37, 41, 43, 47 …

그리스의 수학자이자 천문학자인 에라토스테네스는 막대기 하나를 이용해 지구 둘레의 길이를 처음으로 계산해 낸 사람으로 유명합니다. 그리고 그는 소수를 발견하는 방법으로 체를 생각해 냈어요. '체'는 가루나 액체를 곱게 거를 때 쓰는 도구예요. 체로 어떻게 숫자를 고르냐고요?

먼저 자연수를 순서대로 나열하고 2를 제외한 2의 배수를 지워요. 그리고 3을 제외한 3의 배수를 지워요. 이렇게 지우는 수들은 모두 소수가 아닌 합성수예요. 이렇게 합성수들을 차례로 지우면 남는 게 바로 소수예요. 마치 체를 흔들어 가루를 거르면 가는 입자는 죄다 아래로 떨어지고 체 위에 굵은 알갱이만 남는 것처럼 말이에요. 그래서 이것을 '에라토스테네스의 체'라고 불러요.

여기서 깜짝 퀴즈!

Q 1부터 50까지의 수에서 소수 15개를 찾아보세요. 2를 제외한 모든 소수가 홀수라는 것을 알게 될 거예요. 답은 뒷장에 있습니다.

암호를 만들 때 소수를 사용하는 이유

소수 2와 7의 곱은 무엇일까요? 바로 14라는 것을 쉽게 계산할 수 있죠? 그럼 14는 어떤 두 소수의 곱으로 나타낼 수 있는지 거꾸로 계산할 수 있을까요?

조금 더 큰 수를 생각해 보죠. 43(소수)과 47(소수)의 곱은 2021입니다. 그렇다면 다시 거꾸로 2021이 어떤 두 소수의 곱으로 이루어졌는지 여러분은 바로 찾을 수 있을까요? 힘든 일이겠죠?

이 원리를 이용한 것이 은행에서 사용하는 공인인증서랍니다. 풀리지 않는 암호란 존재하지 않기 때문에 해독하는 데 오래 걸릴수록 잘 만들어진 암호라고 해요. 그래서 은행의 보안카드처럼 보안이 필요한 부분에 이 소수의 원리를 이용하면 푸는 데 오래 걸린다고 합니다.

소수들을 나열하여 수열을 만들었을 때 그 일반항은 아직 밝혀지지 않았어요. 수많은 수학자가 소수에 관한 연구를 진행해 왔으나 소수가 어떤 규칙을 가지고 나타나는지 아직까지 밝혀내지 못했어요. 컴퓨터 기술이 이렇게 발전한 요즘 시대에도 소수나 원주율의 정확한 정체를 밝히지 못했다는 것이 신기하죠? 아마도 그렇기 때문에 소수는 가치 있는 수가 아닐까 해요.

수열   162쪽
어떤 규칙에 따라 차례로 수를 나열한 것.

일반항 🔍
: 수열에서 첫 번째 항, 두 번째 항처럼 구체적이지 않은 일반적인 n번째 항을 말해요.

깜짝 퀴즈의 정답은?

A   2, 3, 5, 7, 11, 13, 17, 19, 23, 29, 31, 37, 41, 43, 47

백쌤의 한마디

여러분, 필즈상에 대해서 아나요? 필즈상은 수학계의 노벨상이라 일컫는 상이에요. 올림픽처럼 4년마다 열리는 세계수학자대회에서 수상자를 뽑아 금메달을 주죠. 전 세계 수학자 가운데 수학계에 큰 발전을 했거나 앞으로 할 만한 인재에게 준답니다. 소수에 대한 연구가 아직도 진행 중이니 선생님이 여러분에게 필즈상을 받을 수 있는 꿀팁을 알려 줄게요. 소수에 대한 정체를 밝혀서 허준이 교수님처럼 필즈상의 주인공에 도전해 보세요!

1 다음 물음에 맞는 답을 찾으세요.

　(1) 10보다 작은 소수는 모두 몇 개일까요?

　(2) 9보다 작은 소수 중에서 홀수는 모두 몇 개일까요?

　(3) 50보다 작은 소수 중에서 짝수는 모두 몇 개일까요?

2 어떤 자연수보다 작은 소수의 개수가 4개면 어떤 자연수가 될 수 있는 수는 몇 개일까요?

　┌ 해결 과정 ┐

　가장 작은 소수부터 4개는 (　　　　　　　)입니다. 즉, (　　)보다 작은 소수는 4개
　입니다. (　　)보다 작은 소수도 4개입니다. (　　) 또는 (　　)보다 작은 소수도 4개
　입니다. 그러나 (　　)보다 작은 소수는 5개입니다. 따라서 어떤 자연수보다 작은 소
　수의 개수가 4개이면 그 자연수는 (　　　　　　　) 이렇게 (　　)개입니다.

힘센
정리

❶ 소수는 1과 자기 자신을 제외한 어떤 수로도 나누어떨어지지 않는 1보다 큰 자연수.
❷ 자연수는 1과 소수와 합성수로 나뉜다.
❸ 1은 소수도 아니고 합성수도 아니다.
❹ 2를 제외한 모든 소수는 홀수.

07

인수

 인수의 뜻을 알고 약수와 인수의 차이를 알 수 있어요.
인수를 구해서 그 수의 성질을 알 수 있어요.

교과연계 ∽ **초등** 약수와 배수 ∽ **중등** 소인수분해, 인수분해

한 줄 정리

인수는 **어떤 수를 몇 개의 수의 곱으로 나타낼 때 각 구성 요소**를 말해요.

예시

8의 인수: $1 \times 8 = 8$, $2 \times 4 = 8 \rightarrow 1, 2, 4, 8$

설명 더하기

⌜**약수** 114쪽
어떤 정수를 나누어떨어
지게 하는 0이 아닌 정수.

⌜**정수** 184쪽
−1, 0, 1처럼 양의 정
수와 음의 정수, 그리고
0을 통틀어 말하는 수.

1과 6의 곱은 6이고, 2와 3의 곱도 6이지요. 1, 2, 3, 6은 모두 6의 인수가 됩니다. 이를 6의 약수라고도 하지요.

$$(인수) \times (인수) = (수 또는 식)$$

약수와 인수는 같은 것 같지만 서로 아주 조금 달라요. 어떤 수를 다른 수로 나누어서 나머지가 0이면 나누는 수를 나누어지는 수의 '약수'라고 해요. 6을 2로 나누면 나머지가 0이지요? 이때 2는 6의 약수가 돼요. 즉, **약수는 나누기를 기준**으로 **인수는 곱하기를 기준**으로 한다고 생각하면 쉽습니다. 중등과정에서는 정수로 범위를 넓혀서, 또는 식의 곱을 이용해서 인수를 구하게 됩니다.

문해력UP!

인 因 본래, ~을 이루다
수 數 세다, 숫자

➜ 어떤 수(식)를
나누어떨어지게 하는 수(식)

모든 수의 인수가 되는 수는?

모든 수는 1과 자기 자신의 곱으로 나타낼 수 있어요.

$$나 = 1 \times 나$$

그러니 모든 수의 인수가 되는 수는 바로 1입니다. 앞 단원인 「소수」에서 1은 소수도 아니고 합성수도 아니라고 했지요? 자연수는 1과 소수와 합성수로 나눌 수 있는데, 이때 1은 모든 수의 인수가 되는 수입니다.

인수 구하기

서로 다른 두 자연수의 곱으로 12를 만드는 방법을 알아봅시다.
1과 12, 2와 6, 3과 4를 곱하면 12가 되죠?

$$1 \times 12 = 12, \ 2 \times 6 = 12, \ 3 \times 4 = 12$$

그럼 12의 인수는 1, 2, 3, 4, 6, 12입니다. 12의 인수의 개수는 총 6개네요.
이때 12의 인수 1, 2, 3, 4, 6, 12 중에서 소수인 인수를 구하면 2, 3이에요. 이렇게 소수인 인수를 <u>소인수</u>라고 해요.

이번에는 어떤 두 수의 인수들을 찾아봅시다. 12의 인수는 위에서 1, 2, 3, 4, 6, 12라고 했어요. 그럼 8의 인수를 찾아볼까요?

$$1 \times 8 = 8, \ 2 \times 4 = 8$$

8의 인수는 1, 2, 4, 8이에요. 그럼 12와 8의 인수 중에서 둘 모두에 속하는 인수, 즉 공통인 인수를 찾아볼까요? 1, 2 그리고 4예요. 이렇게 둘 이상의 수의 공통이 되는 인수를 <mark>공통인수</mark>라고 하는데 이는 뒤에서 더욱 자세히 배울 수 있어요.

소인수　　150쪽
어떤 수의 인수 중에서 소수인 인수(참고로, 소수는 1보다 큰 자연 수 중 1과 자신만으로 나누어떨어지는 수).

공통인수 🔍
: 인수들 중에서 공통으로 들어 있는 인수.

소주 1병이 7잔인 판매 전략

투명한 녹색병에 담긴 소주에는 수학에 얽힌 비밀스러운 판매 전략이 숨어 있답니다. 그 비밀은 소주 1병을 소주잔에 따르면 7잔이 나온다는 거예요. 이게 왜 판매 전략이 되냐고요? 7의 인수는 1과 7뿐이기 때문이죠. 자, 소주를 1병 주문해 여러 사람이 나누어 먹는다고 생각해 보세요.

2명이 서로 3잔씩 마시고 나면 1잔이 남죠? 그럼 또 1병 주문!
3명이 서로 2잔씩 마시고 나면 1잔이 남죠? 그럼 또 1병 주문!
4명이 서로 1잔씩 마시고 나면 3잔이 남죠? 1잔이 부족하니까 그럼 또 1병 주문!

이렇게 사람들이 나누어 마시며 계속 술을 주문할 수 있도록 소주 1병은 7잔이라고 합니다. 누가 생각해 냈는지 참 영리한 상품 판매 전략인 거 같아요. 아마도 수학을 잘하는 사람의 아이디어 아니었을까요? 이 내용을 소재로 수학 경시대회 문제가 출제되기까지 했답니다.

백쌤의 한마디

소주뿐만 아니라 수학의 원리를 이용한 마케팅 전략으로 똑똑히 효과를 보는 회사가 많답니다. 앞서 24쪽에서 '홀수 가격 이론'을 배웠는데 기억하나요? 이왕이면 1000원이 아니라 990원으로 가격을 매겨서 물건을 쉽게 사게 만든다고 했었죠.
소주도 홀수 이론에 따라 7잔이 된 것 같지만 꼭 그런 건 아니에요. 만약 소주 1병을 9잔이 되도록 마케팅 전략을 세웠다면 어땠을까요? 3명이 소주를 나누어 마신다면 서로 3잔씩 마시면 딱 맞으니까, 또 소주를 주문하지 않을 수 있겠죠? 네, 소주는 홀수 이론이 아니라 소수 이론으로 만든 거예요. 7은 1과 자신만을 약수로 갖는 특별한 소수예요. 그러니 여러분도 여러 분야에서 수학의 원리를 잘 활용하는 아이디어들을 생각해 보길 바라요.

1 다음 문제의 답을 구하세요.

⑴ 6의 인수를 구하고, 그중에 소수를 구하세요.

⑵ 4의 인수를 구하세요.

⑶ 6과 4의 공통이 되는 인수는 무엇인가요?

⑷ 6과 4의 공통이 되는 인수 중에 가장 작은 수는 무엇인가요?

2 시현이는 초콜릿 24개를 가지고 있었는데, 친구 3명과 함께 초콜릿을 남김없이 똑같이 나누어 먹었어요. 이를 24의 인수의 의미를 이용해서 1명이 몇 개씩 먹었는지 설명하세요.

풀이

총 (   )명이 초콜릿 (   )개를 나누어 먹었어요. 이때 (   )를 (   )와 (   )의 곱으로 나타낼 수 있으므로 1명이 (   )개씩 먹었어요.

힘센 정리

❶ 인수란 어떤 수를 몇 개의 수의 곱으로 나타낼 때 각 구성 요소를 이른다.

❷ 약수는 나누기를 기준으로, 인수는 곱하기를 기준으로!

❸ 1은 모든 수의 인수.

유한과 무한

유한과 무한의 의미를 알고
유한소수와 무한소수를 이해할 수 있어요.

교과연계 ∞ **초등** 분수와 소수 ∞ **중등** 유한소수와 무한소수

한 줄 정리

유한: 공간, 시간, 수량에 **한도나 한계가 있다.**
무한: 공간, 시간, 수량에 **한도나 한계가 없다.**

예시

유한: 6의 약수의 개수 → 1, 2, 3, 6
무한: 자연수의 개수 → 1, 2, 3, 4, 5 …

유한소수   96쪽
소수점 오른쪽의 숫자가
유한개인 소수.

무한소수   100쪽
소수점 오른쪽의 숫자가
모두 0이 아닌 숫자로 무
한히 계속되는 소수.

설명 더하기

소수 중에서 끝이 있는 0.12와 같은 소수를 유한소수라고 하고, 끝이 없는 0.33333 … 과 같
은 소수를 무한소수라고 해요. 그리고 무한소수 중에는 규칙이 있는 소수도 있고, 규칙이 없는
소수도 있어요.

문해력 UP!

유 有 있다   한 限 한계   → 한계가 있다
무 無 없다   한 限 한계   → 한계가 없다

무한을 나타내는 수학 기호

자연수는 1, 2, 3, 4, 5, 6, 7, 8, 9, 10 …
이렇게 끝없이 계속 있어요. 32쪽에서 현재
까지 지구상에 알려진 가장 큰 수를 '10의 구
골 제곱'인 '구골 플렉스'라고 했는데요. 계속
세 보면 이보다 더 큰 수도 있겠죠?

뫼비우스의 띠

즉, **자연수의 개수는 무한개**입니다. 수학에는
무한의 상태를 나타내는 기호가 있어요. 그것이 무한대 기호 '∞'이에요. 숫자 8이 옆
으로 누워 있는 모양입니다. 무한대는 끝이 없는 '뫼비우스의 띠' 모양을 따서 기호로
만든 것입니다. **무한대는 수가 아니라 계속 커지고 있는 상태를 나타내는 표현**이에요.

자연수   14쪽

1, 2, 3처럼 사물의 개수
를 셀 때 쓰는 수.

 사고력 UP **탱크를 움직이는 무한궤도**

탱크의 바퀴는 일반 자동차의 바퀴와는 좀 다르게 생겼습니다. 바퀴 둘레에 강판으로 만든 벨
트를 걸어 놓은 장치가 있죠. 땅과 닿는 면적이 넓어 덕분에 험한 산길, 비탈길도 갈 수 있다고
해요. 그래서 비포장도로를 달려야 하는 탱크, 장갑차, 불도저에 이용됩니다. 이 바퀴를 '무한
궤도' 또는 '캐터필러'라고 부르는데요. 무한궤도라는 이름은 '계속 돈다'는 뜻이고, 캐터필러라
는 이름은 이 바퀴의 모양이 '애벌레를 닮았다'라는 말에서 따왔다고 해요.

신박한 정리

❶ 유한은 한계가 있는 것, 무한은 한계가 없는 것.

❷ 소수에는 유한소수와 무한소수가 있다.

❸ 자연수의 개수는 무한개.

뫼비우스 띠를 만들어 보자

1 재료: 종이, 풀, 가위, 자, 사인펜

2 40cm 길이의 띠를 2개 오린다.

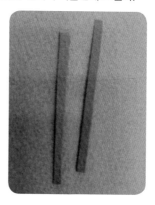

3 1개를 180도 (한 번) 비틀어 이어 붙인다. 다른 1개는 그대로 붙인다.

4 2개의 띠에 사인펜으로 출발점을 찍는다.

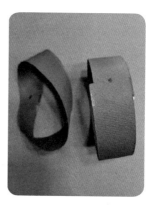

5 2개의 띠에 면을 따라가며 천천히 가운데 선을 긋는다.

6 선의 모양이 어떤지 자세히 관찰한다.

활동 1 180도 비틀어 이어 붙인 띠와 비틀지 않고 그대로 붙인 띠가 모양이 어떻게 다른지 비교해 보세요.

활동 2 2개의 띠에 면을 따라가며 천천히 선을 그어 보세요. 어떻게 그려질까요?

활동 3 **활동 2** 에서 180도 비틀어 이어 붙인 띠를 골라요. 그리고 이 띠에 그은 선을 따라서 양쪽을 가위로 잘 오려 보세요. 그럼 어떤 모양의 띠가 만들어질까요?

보기
- 2개의 원형띠가 만들어진다.
- 2개의 뫼비우스 띠가 만들어진다.
- 2개가 연결된 고리 형태가 만들어진다.
- 2번 꼬아진 큰 띠 1개가 만들어진다.

정답1 180도 비틀어 이어 붙인 띠의 모양은 8자 모양이고, 그대로 붙인 띠는 원 모양이에요.

정답2 180도 비틀어 이어 붙인 띠의 모양은 안쪽과 바깥쪽 구별 없이 양면에 선이 그려지고 그대로 붙인 띠는 한쪽 면에만 선이 그려져요.

정답3 2번 꼬아진 큰 띠 1개가 만들어져요.

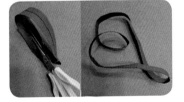

Chapter 2
분수와 소수의 세계

빵 **하나**를 **둘**로 나누면 **반**이 되겠지요?

네! 바로 $\frac{1}{2}$ 과 같아요.

분수와 소수의 세계는
이렇게 **시작**되었답니다.

분수

분수가 무엇인지 이해하고
분수를 소수로 표현할 수 있어요.

교과연계 ∞ **초등** 분수와 소수 ∞ **중등** 정수와 유리수, 유한소수와 무한소수

한 줄 정리

분수는 전체를 똑같이 나눈 것 중의 일부분을 표현하는 수예요.

예시

$$\frac{1}{2}, \frac{3}{5}, \frac{7}{6}, \frac{7}{7}, 1\frac{5}{9}$$

설명 더하기

빵 한 덩어리를 반으로 나누었을 때, 그중에 한 조각을 수학으로 표현하면 '2분의 1' 덩어리라고 해요. 기호로는 $\frac{1}{2}$이라고 표시하지요. 다시 말해 분수는 전체에 대한 부분을 의미해요. **1보다 작은 수를 나타낼 때 분수를 사용하지요.**

분수의 정확한 수학적 정의는 **정수 a를 0이 아닌 정수 b로 나눈 몫**이며, 이를 $\frac{a}{b}$로 표시한 것이에요. a, b $(b \neq 0)$가 양의 정수일 때에 분수 $\frac{a}{b}$는 1을 b등분 한 것이 a개 모인 것일 수 있고요. 또는 a의 b에 대한 비 즉 $a : b$의 값으로 볼 수도 있어요.

정수　　　184쪽

－1, 0, 1처럼 양의 정수와 음의 정수, 그리고 0을 통틀어 말하는 수.

비　🔍

: 서로 다른 두 수(양)의 크기를 비교하는 것.

문해력 UP!

분 分　나누다
수 數　세다, 숫자　　➜ 나누어진 수

분수의 다양한 역할

① 몫

사과 12개가 있는데 6명이 나눠 먹으면 한 사람이 2개씩 먹을 수 있어요.

이를 식으로 나타내면, $12 \div 6 = \dfrac{12}{6} = 2$

② 비(비율)

사과 12개가 있는데 A에게 6개를 줬어요. A가 받은 사과의 개수는 전체에서 얼마나 될까요?

이를 식으로 나타내면, (12개에 대한 6개의 비) $= \dfrac{6}{12} = \dfrac{1}{2}$

③ 연산자

사과 12개의 $\dfrac{1}{2}$은 몇 개일까요? $\dfrac{1}{2}$은 2개 중에 1개를 의미하므로, 12개 중에 6개를 의미해요. 여기서 분수는 어떤 수나 양을 늘이거나 줄이는 연산자로서의 역할을 해요.

> **연산자** 🔍
> : 연산을 위해 사용되는 부호.

④ 측정

1센티미터의 반은 $\dfrac{1}{2}$센티미터예요. 여기서 분수는 자연수만으로 단위로 정확하게 나타낼 수 없을 때, 측정의 단위를 더욱 자세히 만드는 역할을 해요.

> **자연수** 14쪽
> 1, 2, 3처럼 사물의 개수를 셀 때 쓰는 수.

분수를 소수로 표현하기

분수 $\dfrac{3}{5}$을 소수로 표현하는 두 가지 방법에 대해서 알아봐요.

> **소수** 80쪽
> 일의 자리보다 작은 자릿값을 가진 수.

방법 1 나눗셈을 이용해 소수로 표현하기(직접 나누기)

$$\frac{3}{5} = 3 \div 5 = 0.6$$

방법 2 분모를 10, 100, 1000 … 로 만들어서 소수로 표현하기

$$\frac{3}{5} = \frac{3 \times 2}{5 \times 2} = \frac{6}{10} = 0.6$$

참고 이를 반대로 생각하면 소수를 분수로 표현할 수 있어요.

$$0.6 = \frac{6}{10} = \frac{3}{5}$$

나눗셈 기호는 어떻게 만들었을까?

나눗셈 기호가 어떻게 만들어졌는지 아나요? 지금 우리가 쓰고 있는 나눗셈 기호인 ÷는 원래 수학자들이 빼기의 기호로 썼다고 해요. 오랫동안 빼기로 쓰이다가 오늘날처럼 나누기가 된 이유에 대해 사람들은 두 가지로 추측을 하고 있어요.

첫째, 분수의 개념 중에 비율을 의미하는 비율분수 개념을 생각해 비를 나타내는 기호인 : 과 ÷이 비슷하니 ÷를 나눗셈으로 쓰자고 했다는 것이죠.

둘째, 상형문자의 원리를 반영했다고 해요. ÷에서 가로로 놓은 막대인 ─의 위아래에 있는 두 개의 점(•)이 수를 나타낸다는 것이에요. 그러고 보니 나눗셈 기호의 생김새가 분수와 비슷하지 않나요?

만약에 지금도 나눗셈 기호를 빼기로 사용하고 있다면 어떨까요? 좀 헷갈리지 않았을까요? 무심코 쓰던 나눗셈 기호가 사실은 분수의 모양을 하고 있다는 사실! 알고 나니 왠지 다르게 보이지 않나요?

상형문자
: 대상의 모양을 본떠 나타내는 문자.

안전 표지판에서 볼 수 있는 분수

눈이나 비가 올 때면 미끄럼 주의를 알리는 안전 표지판을 도로 위에서 볼 수 있어요. 여기에는 앞에 있는 차와의 거리는 평소의 2배로 늘리고, 속도는 감속 운전으로 평소의 $\frac{1}{2}$로 줄이라고 표시되어 있어요. 이것의 의미는 예를 들어서 평소에 시속 60킬로미터의 속력으로 운전하던 차를 눈, 비가 올 때에는 $\frac{1}{2}$의 속력인 30킬로미터로 운전하라는 뜻이지요. 차와 차 사이의 거리가 평소에 50미터라면 눈, 비올 때에는 2배인 100미터 간격을 유지하라는 뜻이고요. 눈과 비가 올 때는 길이 미끄러워 차들이 가까우면 위험하기 때문이에요. 생활 속 안전 표지판을 이해하기 위해서도 분수를 잘 알아야겠죠?

1 다음 식의 계산 순서를 나타내고 계산하세요.

(1) $\dfrac{3}{8}$

　　┌(풀이1)
　　│ 직접 나누기

　　┌(풀이2)
　　│ 분모를 10, 100, 1000 … 으로 만들기

(2) $\dfrac{7}{20}$

　　┌(풀이1)
　　│ 직접 나누기

　　┌(풀이2)
　　│ 분모를 10, 100, 1000 … 으로 만들기

2 피자 한 판을 시켰는데 8조각으로 잘린 한 판이 배달되었어요. 시우와 시연이가 친구 2명과 함께 똑같이 나눠 먹기로 했을 때, 시우는 전체의 몇 분의 몇을 먹게 될까요? 또한 시우를 뺀 나머지 아이들이 먹은 피자는 전체의 몇 분의 몇인가요?

힘센 정리

❶ 분수는 전체를 똑같이 나눈 것 중의 일부분을 표현하는 수.

❷ 분수는 나눗셈과 비의 개념과 같다.

❸ 분수를 소수로 표현하는 방법은 분자 나누기 분모를 이용하는 방법과 분모를 10, 100, 1000 등으로 고쳐서 표현하는 방법이 있다.

02

분모와 분자

 분수에서 분모와 분자가 무엇인지 알 수 있어요.
분모가 같은 분수와 분자가 같은 분수의 크기를 비교하고
분모가 같은 분수의 덧셈과 뺄셈을 할 수 있어요.

교과연계 ∞ **초등** 분수의 덧셈과 뺄셈 ∞ **중등** 정수와 유리수

식

: 숫자, 문자, 기호를 써서 이들 사이의 수학적 관계를 나타낸 것.

한 줄 정리

분수 또는 분수식에서, **가로줄 아래에 있는 수나 식을 분모**라고 하고,
가로줄 위에 있는 수나 식을 분자라고 해요.

예시

분수 $\dfrac{3}{5}$에서 가로줄 아래에 적은 5는 분모, 가로줄 위에 적은 3은 분자예요.

설명 더하기

흔히 분수는 아이와 부모의 모습에 비유하곤 합니다. 엄마나 아빠가 어린아이를 업고 있는 모습 말이에요. 분모는 아이를 업고 있는 부모님을, 분자는 부모님 등에 업혀 있는 아이와 닮았거든요.

문해력 UP!

분 分 나누다 **모** 母 어머니 → 분수의 어머니 자리
분 分 나누다 **자** 子 자식, 아이 → 분수의 아이 자리

분모가 커질수록 분수는 작아진다

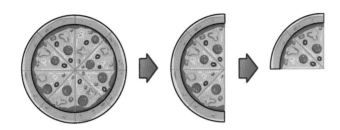

피자 1판을 1명이 먹으면 한 사람이 1판을 먹을 수 있지만, 2명이 먹으면 한 사람이

먹는 양은 $\frac{1}{2}$로 줄어들어요. 또 4명이 나눠 먹으면 한 사람이 먹는 양은 $\frac{1}{4}$로 줄어들

어요.

즉, **분자가 같을 때 분모가 커지면 그 분수는 작아져요.**

㉑ $\frac{1}{2} > \frac{1}{3} > \frac{1}{4} > \cdots$

또한 **분모가 같을 때 분자가 작아지면 그 분수는 작아져요.**

㉑ $\frac{6}{7} > \frac{5}{7} > \frac{1}{7} > \cdots$

분모가 같은 분수들의 덧셈과 뺄셈

공통인 분모를 쓰고 분자들끼리 덧셈, 뺄셈을 해요.

① $\frac{2}{5} + \frac{1}{5} = \frac{2+1}{5} = \frac{3}{5}$

② $\frac{4}{7} - \frac{3}{7} = \frac{4-3}{7} = \frac{1}{7}$

대분수는 자연수 부분과 진분수 부분으로 나누어 계산해요.

③ $1\frac{2}{5} + 2\frac{1}{5} = 3\frac{2+1}{5} = 3\frac{3}{5}$

④ $3\frac{2}{4} - 1\frac{1}{4} = 2\frac{2-1}{4} = 2\frac{1}{4}$

📖 대분수   76쪽
자연수와 진분수로 이루
어져 있는 수.

📖 진분수   72쪽
분자가 분모보다 작은 분
수.

2인분 이상 주문 가능한 메뉴의 의미

식당에 가면 '2인분'이라는 단어를 자주 볼 수 있어요. 2인분의 식사를 주문하면 두 사람이 먹을 수 있는 양이 나오게 되고, 한 사람당 나온 음식의 $\frac{1}{2}$을 먹으면 되겠지요. 여기에서 2인 분의 '분(分)'은 나누어 먹을 수 있는 양이라는 의미의 분수의 '분(分)' 자와 같은 한자를 사용합니다.

음식집에서 요리의 종류에 따라서 한 번 조리할 때 2인분 이상만 조리가 가능한 경우가 있어요. 그래서 그럴 경우에 메뉴판에 "2인분 이상 주문 가능"이라는 멘트를 써 넣는 거지요.

**백쌤의
수학 상담**

"선생님! 아는 문제인데 계산 실수를 자주 해요. 저 어떻게 하죠?"

우리나라 학생들은 "수학은 문제 풀이다. 수학 공부는 답을 구하는 거다"라고 생각하는 경우가 많아요. 그러다 보니 초등학교에 입학하기 전부터 덧셈, 뺄셈은 물론 구구단까지 연산훈련을 강요받고 말아요. 숫자만 바뀐 연산문제집을 몇 권씩 푸느라 바쁘죠. 그러면서 수학 공부를 잘 시키고 있다고 믿는 부모님이 많아요. 연산이 빠르면 수학을 잘하는 아이라고 착각하기 때문이에요.

또한 그런 학생일수록 "빨리 문제를 풀어야지"라는 생각 때문에 과정이나 원리보다는 답을 찾는 데에만 신경을 씁니다. 그러니 급한 마음에 계산 실수가 생기고, 또한 틀리더라도 "아는 건데 실수였어"라며 그냥 넘어가면서 그것이 습관이 되는 경우가 많습니다.

그런데 초등수학과 달리 중등수학에서는 원리와 개념이 점점 더 중요해져요. 연산이 빠른 학생보다는 개념을 이해하고 조건, 규칙 등을 꼼꼼하게 학습한 학생들이 점점 수학을 잘하게 되죠. 그러니 지금부터라도 계산 실수가 많다면 더 많은 문제를 풀려고 하지 마세요. 그 대신 한 문제를 풀더라도 그 문제에 담긴 개념과 원리를 이해하고 정확한 답을 내는 연습을 하세요. 그리고 단서나 조건을 꼼꼼히 읽고 집중력을 끝까지 이어가는 훈련을 한다면 계산 실수는 줄어들 겁니다.

1 다음 분수를 크기가 작은 순서부터 나열하세요.

(1) $\dfrac{1}{5}$, $\dfrac{1}{2}$, $\dfrac{1}{7}$

(2) $\dfrac{4}{6}$, $\dfrac{2}{6}$, $\dfrac{5}{6}$

2 효진이는 어제 초콜릿 $5\dfrac{2}{7}$개를 친구에게 받았어요. 오늘 동생에게 $3\dfrac{1}{7}$개를 주면 초콜릿이 몇 개가 되는지 구하세요.

해결 과정

효진이가 어제 받은 초콜릿의 수는 (　　　)개이고, 오늘 동생에게 준 초콜릿의 수는 (　　　)개입니다. 이 두 수를 빼기 위해서는 자연수는 자연수끼리, 진분수는 진분수끼리 계산해요. (　　　　　　)이므로 답은 (　　)개입니다.

힘센 정리

❶ 분수에서 가로줄 아래의 수(식)는 분모, 가로줄 위의 수(식)는 분자.

❷ 분자가 같을 때, 분모가 커지면 그 분수는 작아진다.

❸ 분모가 같을 때, 분자가 작아지면 그 분수는 작아진다.

❹ 분모가 같은 분수는 분자들끼리 덧셈과 뺄셈을 한다.

03

공통분모

공통분모가 무엇인지 배우고
분모가 다른 두 분수의 동치분수를 이용해서
공통분모를 찾을 수 있어요.

교과연계 ∞ **초등** 약수와 배수, 약분과 통분 ∞ **중등** 정수와 유리수

통분 60쪽
분수의 분모를 같게 하는 것

한 줄 정리

공통분모는 둘 이상의 서로 다른 분수를 크기가 변하지 않게 **통분**했을 때 갖는 분모를 말해요.

예시

$\dfrac{1}{3}$과 $\dfrac{1}{4}$의 공통분모는 12예요.

$\left(\dfrac{1 \times 4}{3 \times 4} = \dfrac{4}{12}, \ \dfrac{1 \times 3}{4 \times 3} = \dfrac{3}{12} \right)$

설명 더하기

분수에서 분모는 '전체'를 나타냅니다. 그리고 분자는 '부분'을 나타내고요. 두 분수의 크기를 비교하거나 분수의 덧셈, 뺄셈을 하려면 '전체의 양'이 같아야 해요. 다시 말해서 전체를 똑같게 만들어 줄 공통분모가 필요하지요. 분수의 값을 바꾸지 않고 분모의 값을 같게 할 때 사용하는 분모를 공통분모라고 해요.

문해력 UP!

공 共 하나로, 같이
통 通 이어지다 → 같은 분모(하나로 이어지는 분모)
분 모

동치분수는 무엇일까요?

동치분수는 분모와 분자가 다르지만 크기가 같은 분수를 말해요. 동치분수를 찾으려면 분모와 분자에 각각 **0이 아닌 같은 수**를 곱하거나 나누면 돼요.

0을 곱하면 $\dfrac{0}{0}$인데 분모가 0인 분수는 성립하지 못하기 때문이에요. 예를 들어서 $\dfrac{1}{2}$의 동치분수를 찾아볼까요?

분모와 분자에 2를 곱하면 $\dfrac{1\times2}{2\times2}=\dfrac{2}{4}$, 분모와 분자에 3을 곱하면 $\dfrac{1\times3}{2\times3}=\dfrac{3}{6}$,

즉 $\dfrac{1}{2}$과 $\dfrac{2}{4}$, $\dfrac{3}{6}$은 동치분수예요. 식으로 나타내면 아래와 같습니다.

$$\frac{1}{2}=\frac{2}{4}=\frac{3}{6}=\cdots$$

이렇게 동치분수는 분수에서 아주 많이 찾을 수 있어요.

동치분수

: 분모도 분자도 다르지만 값은 같은 분수. '동同'은 같다는 뜻이고, '치値'는 값을 의미합니다.

공통분모를 찾아요

$\dfrac{3}{4}$과 $\dfrac{5}{6}$는 분모가 서로 다른 분수예요. $\dfrac{3}{4}$과 $\dfrac{5}{6}$의 동치분수를 찾아볼까요?

$$\frac{3}{4}=\frac{6}{8}=\frac{9}{12}=\cdots$$

$$\frac{5}{6}=\frac{10}{12}=\frac{15}{18}=\cdots$$

이 중에서 분모가 서로 같은 공통분모는 12예요. 즉, $\dfrac{3}{4}$과 $\dfrac{5}{6}$의 공통분모는 12예요.

공통분모를 이용하면 분모가 다른 분수들의 계산이 가능합니다.

분모가 같은 분수들의 덧셈과 뺄셈

$\dfrac{1}{6}+\dfrac{2}{6}$의 계산을 그림으로 알아봅시다.

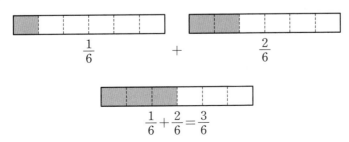

일상 속 공통분모

희우의 취미는 농구와 줄넘기예요. 그리고 시우의 취미는 그림 그리기와 농구라고 합니다. 희우와 시우의 공통분모는 무엇일까요? 바로 농구죠. 수학에서뿐만 아니라 일상생활 속에서도 둘 또는 그 이상의 사람들에게 두루 통하는 점을 비유적으로 공통분모라고 해요. 너와 나의 공통분모!

백쌤의 한마디

"수학을 잘하는 사람들의 공통분모는 무엇일까요?"

저는 초등학교 2학년 때 구구단을 처음 배웠는데, 반에서 구구단을 가장 느리게 외운 학생이었어요. 그런 제가 어떻게 수학 선생님이 되었을까요? 제가 수학을 좋아하게 된 계기는 중학교 1학년 때 만난 수학 선생님 덕분이었어요. 첫 숙제를 받고선 열심히 노트에 문제를 풀어 갔는데, 선생님께서 "은아는 수학을 잘하는구나"라고 칭찬해 주셨거든요. 그러자 자신 없던 과목이었던 수학이 달리 보였어요. '나도 잘할 수 있나?' 하는 기대감에 열심히 선생님의 수업을 듣기 시작했죠. 열정이 넘치는 수학 선생님을 만나 어느새 수학은 제가 가장 좋아하는 과목이 되었어요.

수학 전문가들을 보면 그들에게서 공통분모를 찾을 수 있어요. 첫째는 수학을 좋아하는 거고요. 둘째는 수학에 **자신감**이 있다는 거예요. 쉬운 듯하면서도 어려운 일이죠? 여러분도 이 책을 통해 수학의 문해력을 높여서 앞으로 수학을 좋아하고 자신감도 생기길 바라요!

1 다음 분수의 덧셈과 뺄셈을 계산하세요.

(1) $\dfrac{3}{5} + \dfrac{1}{3} =$

（풀이）

$\dfrac{3}{5} + \dfrac{1}{3} = \dfrac{3 \times \bigcirc}{5 \times \bigcirc} + \dfrac{1 \times \bigcirc}{3 \times \bigcirc} = \dfrac{\bigcirc + \bigcirc}{15} = \dfrac{\bigcirc}{15}$

(2) $5\dfrac{1}{4} - 2\dfrac{3}{5} =$

（풀이）

$5\dfrac{1}{4} - 2\dfrac{3}{5} = 5\dfrac{1 \times \bigcirc}{4 \times \bigcirc} - 2\dfrac{3 \times \bigcirc}{5 \times \bigcirc} = 4\dfrac{\bigcirc}{20} - 2\dfrac{\bigcirc}{20} = \bigcirc\dfrac{\bigcirc}{20}$

2 큰 통에 물을 받는데 A호스를 열면 1시간에 전체의 $\dfrac{3}{4}$을 채울 수 있고, B호스를 열면 1시간에 전체의 $\dfrac{2}{3}$가 빠져나간다고 해요. 두 호스를 동시에 열었을 때, 1시간 후에 물은 얼마나 남아 있을까요?

힘센 정리

❶ 분수는 분모와 분자에 0이 아닌 같은 수를 곱하거나 나누어도 그 비가 일정하다.

❷ 분수는 그 비의 값이 같은 동치분수를 구할 수 있다.

❸ 둘 이상의 서로 다른 분수를 분모가 같으면서 크기가 변하지 않게 할 때, 그 분수들의 공통인 분모를 공통분모라고 한다.

04

통분

통분이 언제 필요한지 알고 통분하는 방법을 배워요.

교과연계 ∞ **초등** 약수와 배수 ∞ **중등** 정수와 유리수

한 줄 정리

통분은 분모가 다른 둘 이상의 분수나 분수식에서 **분모를 같게 만드는 것**이에요.

예시

$\frac{1}{2}$ 과 $\frac{1}{3}$ 을 통분하면 $\frac{1\times3}{2\times3}=\frac{3}{6}$, $\frac{1\times2}{3\times2}=\frac{2}{6}$,

즉 $\frac{3}{6}$ 과 $\frac{2}{6}$ 가 됩니다.

동치분수

: 분모도 분자도 다르지만 값은 같은 분수. '동同'은 같다는 뜻이고, '치値'는 값을 의미합니다.

설명 더하기

분모가 서로 다른 분수들의 덧셈과 뺄셈은 계산하기가 힘들어요. 그래서 이럴 때에는 **분모를 똑같이 만들기 위한 통분**이 필요해요. 똑같은 분모인 공통분모를 찾기 위해서는 **동치분수**를 이용합니다. 공통분모를 찾는 방법은 **분모들의 공배수를 이용**하는데 이때 분모의 최소공배수를 이용하면 편리해요.

통 通 이어지다, 통하다
분 分 나누다

→ 분모를 같게(통일) 하다

공배수를 이용하는 방법(두 분모의 곱)

$\frac{3}{4}$과 $\frac{5}{6}$를 공배수를 이용하여 통분하는 방법을 알아봐요.

분모 4와 6을 곱하면 24죠. 그러면 분모를 공배수인 24로 통분하면 됩니다.

$$\frac{3}{4} = \frac{3 \times 6}{4 \times 6} = \frac{18}{24}$$

$$\frac{5}{6} = \frac{5 \times 4}{6 \times 4} = \frac{20}{24}$$

공배수   138쪽
두 개 이상의 수들의 배수에서 공통인 배수.

최소공배수를 이용하는 방법

$\frac{3}{4}$과 $\frac{5}{6}$를 최소공배수를 이용하여 통분하는 방법을 알아봐요.

분모가 4와 6입니다. 4와 6의 최소공배수를 구하면 12이죠. 그러면 두 분수의 분모를 공통분모인 12로 통분하면 됩니다.

$$\frac{3}{4} = \frac{3 \times 3}{4 \times 3} = \frac{9}{12}$$

$$\frac{5}{6} = \frac{5 \times 2}{6 \times 2} = \frac{10}{12}$$

최소공배수   142쪽
공배수 중에서 가장 작은 수.

참고 최소공배수가 아닌 공배수로 통분을 해도 됩니다. 다만 최소공배수가 공배수 중에 가장 작은 수이므로 통분이 더 간편해요. 그러니 최소공배수를 이용한 통분 방법을 잘 알아 두세요.

분수의 나눗셈

① 같은 두 분수의 나눗셈

$\frac{1}{3} \div \frac{1}{3}$을 어떻게 계산할지 생각해 볼까요? 같은 두 분수의 나눗셈이므로, 결국 같은 두 수의 나눗셈으로 생각을 바꾸어 볼 수 있어요. 그럼 $3 \div 3 = 1$이에요. 같은 두 수의 나눗셈은 언제나 1이에요. 즉, $\frac{1}{3} \div \frac{1}{3} = 1$이죠.

$$3 \div 3 = \frac{3}{3} = 1$$

↓

$$\frac{1}{3} \div \frac{1}{3} = \frac{\frac{1}{3}}{\frac{1}{3}} = 1$$

② 다른 두 분수의 나눗셈

$\frac{1}{2} \div \frac{2}{3}$ 를 어떻게 계산할지 생각해 볼까요?

방법 1 통분을 이용하는 방법(분모 2와 3을 6으로 통분)

$$\frac{1}{2} \div \frac{2}{3} = \frac{1 \times 3}{2 \times 3} \div \frac{2 \times 2}{3 \times 2} = \frac{3}{6} \div \frac{4}{6} = 3 \div 4 = \frac{3}{4}$$

역수

: 곱이 1이 되는 두 수 사이의 관계.

방법 2 나눗셈을 곱셈으로 고쳐서 역수를 이용하여 계산하는 방법

$$\frac{1}{2} \div \frac{2}{3} = \frac{1}{2} \times \frac{3}{2} = \frac{1 \times 3}{2 \times 2} = \frac{3}{4}$$

사고력 UP 수학자의 묘비

그리스의 수학자인 디오판토스는 처음으로 문자를 사용해 식을 나타냈고, 일생을 방정식 연구에 바친 인물입니다. 그의 묘비에는 다음과 같은 글이 새겨져 있다고 해요.

"보라! 신의 축복으로 태어난 그는 일생의 $\frac{1}{6}$은 어린이로 지냈고, 일생의 $\frac{1}{12}$이 지난 뒤에 얼굴에 수염이 자라기 시작했다. 그 뒤 다시 일생의 $\frac{1}{7}$을 혼자 살다가 결혼하여 5년 후에 아들을 낳았다. 아! 그러나 그의 아들은 아버지 일생의 $\frac{1}{2}$밖에 살지 못했으며 아들이 죽고 난 후에 깊은 슬픔에 빠진 그 역시 4년 뒤에 일생을 마쳤다."

이 글귀만 봐도 디오판토스의 수학에 대한 애정을 느낄 수가 있죠? 여러분도 한번 미래를 상상하며 디오판토스처럼 자신의 묘비에 남길 글귀를 만들어 보세요.

1 다음 분수를 분모의 최소공배수로 통분하세요.

(1) $\dfrac{3}{5}$, $\dfrac{3}{10}$, $\dfrac{3}{15}$

(2) $\dfrac{5}{9}$, $\dfrac{1}{6}$

2 다음 분수의 나눗셈을 통분을 이용해 계산하세요.

$$\dfrac{3}{4} \div \dfrac{2}{5}$$

풀이

$$\dfrac{3}{4} \div \dfrac{2}{5} = \dfrac{3 \times \bigcirc}{4 \times \bigcirc} \div \dfrac{2 \times \bigcirc}{5 \times \bigcirc} = \dfrac{\bigcirc}{20} \div \dfrac{\bigcirc}{20} = \dfrac{\bigcirc}{\bigcirc}$$

3 앞에 나온 디오판토스의 일생이 몇 년이었는지 빈칸을 채우고 계산하세요.

소년 시절은 일생의 (   ), 청년 시절은 일생의 (   ), 혼자 산 기간은 일생의 (   ), 결혼 후 아들을 낳을 때까지의 기간은 (   )년, 아들과 함께 살았던 시절은 일생의 (   ), 아들이 죽은 후 사망할 때까지의 기간은 (   )년이다. 여기에서 나오는 분수 (   )을 (   )로 통분하면 (   )가 된다. 따라서 디오판토스의 일생은 (   )년이라는 것을 알 수 있다.

**힘센
정리**

❶ 통분은 분모가 다른 둘 이상의 분수나 분수식에서 분모를 같게 만드는 것.

❷ 통분한 분모는 공통분모.

❸ 통분을 할 때에는 분모의 공배수를 이용한다. 이때 최소공배수를 이용하면 더욱 간단하다.

05

단위분수

단위분수가 무엇인지 알고
고대 이집트인들이 분수를 단위분수의 합으로
나타낸 방법을 배울 수 있어요.

교과연계　∽ **초등** 분수의 덧셈과 뺄셈　∽ **중등** 정수와 유리수

한 줄 정리

단위분수란 분자가 1이고 분모가 1보다 큰 자연수인 분수이다.

예시

$\dfrac{1}{2}$, $\dfrac{1}{3}$, $\dfrac{1}{4}$

설명 더하기

케이크 하나(분자 → 1)를 여러 조각(분모 → 2, 3, 4 …)으로 등분한다고 가정해 봅시다.
여기서 한 조각을 꺼내면 바로 단위분수랍니다. 단위분수는 당연히 **1보다 작죠**. 1을 여러 조각
으로 나눈 것이니까요. 분수의 개수를 셀 때 기준이 되는 분수가 바로 단위분수랍니다. 단위분
수를 알면 분수를 자연스럽게 이해할 수 있죠.

등분

: 똑같이 나눈다는 뜻.
'등等'은 같다, '분分'은
나누다라는 의미입니다.

단 單　1, 하나
위 位　자리, 위치　➡ 어떤 자리(＝분자의 자리)의 수가 1인 분수
분 수

부분분수까지 알아보자

단위분수끼리 곱을 하면 분자는 항상 1입니다. 예를 들어서 $\dfrac{1}{3} \times \dfrac{1}{4} = \dfrac{1}{12}$입니다.

이를 이용하여 부분분수의 의미를 알아볼게요.

$\dfrac{1}{12} = \dfrac{1}{3} - \dfrac{1}{4}$로 나타낼 수 있어요. 그럼 $\dfrac{1}{12} + \dfrac{1}{20}$의 계산을 해볼까요?

$$\dfrac{1}{12} + \dfrac{1}{20} = \boxed{\dfrac{1}{3 \times 4} + \dfrac{1}{4 \times 5} = \left(\dfrac{1}{3} - \dfrac{1}{4}\right) + \left(\dfrac{1}{4} - \dfrac{1}{5}\right)}$$
$$= \dfrac{1}{3} - \dfrac{1}{5} = \dfrac{2}{15}$$

이 식을 잘 알아두세요.

$$\dfrac{1}{A \times (A+1)} = \dfrac{1}{A} - \dfrac{1}{A+1}$$

부분분수

: 어떤 분수의 분모를 n이라 할 때, 이 분수를 분모가 n의 약수인 분수들의 합이나 차로 나타내는 것.

공식 쏙쏙

$$\dfrac{1}{A \times (A+1)}$$
$$= \dfrac{1}{A} - \dfrac{1}{A+1}$$

고대 이집트인들이 사용한 단위분수

고대 이집트인들은 분수들을 자연스러운 단위분수를 이용한 합으로 나타내서 수의 개념을 이해했어요. 지금은 물론, 분수에 대한 확실한 이해가 있기에 굳이 단위분수의 합으로 나타낼 필요가 없죠.

예를 들어서 $\dfrac{2}{3}$라는 분수를 단위분수의 합으로 나타내라고 하면 $\dfrac{2}{3} = \dfrac{1}{3} + \dfrac{1}{3}$로 나타내면 되겠죠? 그러나 고대이집트인들은 분모가 서로 다른 단위분수의 합으로 나타냈어요. 예를 들어서 $\dfrac{2}{3} = \dfrac{1}{2} + \dfrac{1}{6}$로 나타냈죠. 이 방법을 알아볼까요?

① **동치분수 찾기**

$\dfrac{2}{3}$의 동치분수를 찾아요. $\dfrac{2}{3} = \dfrac{4}{6} = \dfrac{6}{9} = \cdots$

② **분자가 분모보다 1이 큰 동치분수 찾기**

이 중에서 분모 3보다 1이 큰 수인 4를 분자로 갖는 $\dfrac{4}{6}$ 선택

③ **단위분수의 합으로 나타내기**

$\dfrac{2}{3} = \dfrac{4}{6} = \dfrac{1}{6} + \dfrac{3}{6} = \dfrac{1}{6} + \dfrac{1}{2}$

동치분수

: 분모도 분자도 다르지만 값은 같은 분수. '동同'은 같다는 뜻이고, '치値'는 값을 의미합니다.

호루스의 눈에 있는 모든 분수를 더한 값

고대 이집트 사람들은 이집트 신화에 나오는 호루스라는 신의 눈에 자신들이 자주 사용하는 여섯 가지 분수를 표시해 놓았어요.

아래 그림이 바로 호루스의 눈이에요. 숨은그림찾기를 시작해 볼까요?

그림에 숨어 있는 분수들을 찾아보세요. 총 6개랍니다!

[분수가 적힌 호루스의 눈]

자, 그럼 이 분수들을 모두 더해 볼까요? 통분을 이용해 보세요.

$$\frac{1}{2} + \frac{1}{4} + \frac{1}{8} + \frac{1}{16} + \frac{1}{32} + \frac{1}{64}$$
$$= \frac{32}{64} + \frac{16}{64} + \frac{8}{64} + \frac{4}{64} + \frac{2}{64} + \frac{1}{64}$$
$$= \frac{63}{64}$$

이 분수들을 모두 더하니 결과가 $\frac{63}{64}$으로 거의 1에 가까운 수가 되지만 1이 되지는 못해요.

고대 이집트 신화에는 이 수가 왜 1이 되지 못하는지에 대한 슬픈 사연이 있다고 해요. 궁금하면 호루스의 눈에 얽힌 신화 이야기를 찾아보세요.

1 다음 분수를 단위분수의 합으로 나타내세요.

$$\frac{5}{9} = \frac{1}{(\ \ )} + \frac{1}{(\ \ )}$$

⟮계산 과정⟯

$\frac{5}{9}$의 동치분수 $\frac{5}{9} = \frac{10}{18} = \frac{15}{27} = \cdots$ 중에서 분모 9보다 1이 큰 동치분수를 찾아요.

분모 9보다 1이 큰 10을 분자로 갖는 동치분수는 (　　)이에요.

$\frac{5}{9} = \frac{5 \times \bigcirc}{9 \times \bigcirc} = \frac{10}{\bigcirc} = \frac{1}{\bigcirc} + \frac{9}{\bigcirc} = \frac{1}{\bigcirc} + \frac{1}{\bigcirc}$

따라서 답은 $\frac{5}{9} = \frac{1}{(\ \ )} + \frac{1}{(\ \ )}$

2 다음 복잡한 분수의 계산을 부분분수를 이용해서 구하세요.

$$\frac{1}{2 \times 3} + \frac{1}{3 \times 4} + \cdots + \frac{1}{10 \times 11} = \frac{\square}{\square}$$

⟮계산 과정⟯

공식 $\frac{1}{A \times (A+1)} = \frac{1}{A} - \frac{1}{A+1}$을 이용해요.

$\frac{1}{2 \times 3} = \frac{1}{\bigcirc} - \frac{1}{\bigcirc}$

$\frac{1}{3 \times 4} = \frac{1}{\bigcirc} - \frac{1}{\bigcirc}$

...

$\frac{1}{10 \times 11} = \frac{1}{\bigcirc} - \frac{1}{\bigcirc}$

따라서 $\frac{1}{2 \times 3} + \frac{1}{3 \times 4} + \cdots + \frac{1}{10 \times 11} = \left(\frac{1}{\bigcirc} - \frac{1}{\bigcirc} \right) + \left(\frac{1}{\bigcirc} - \frac{1}{\bigcirc} \right) + \cdots + \left(\frac{1}{\bigcirc} - \frac{1}{\bigcirc} \right)$

$= \frac{1}{\bigcirc} - \frac{1}{\bigcirc} = \frac{\bigcirc - \bigcirc}{\bigcirc} = \frac{\bigcirc}{\bigcirc}$

힘센
정리

❶ 단위분수는 분자가 1이고, 분모가 1보다 큰 자연수인 분수.

❷ 모든 분수를 단위분수의 합으로 나타낼 수 있다.

❸ 부분분수의 계산을 이용하면 복잡한 분수의 계산도 간단!

06

기약분수

기약의 뜻과 기약분수가 무엇인지 알고
약분을 이용해 기약분수로 나타낼 수 있어요.

교과연계 ∞ **초등** 약분과 통분 ∞ **중등** 유리수와 순환소수

한 줄 정리

기약분수란 더 이상 약분이 되지 않아 **분모와 분자의 공약수가 1뿐인 분수**예요.

예시

$$\frac{120}{80} = \frac{12}{8} = \frac{3}{2}$$

약분   126쪽
어떤 분수의 분모와 분자
를 1을 제외한 공약수로
나누는 것.

공통인수 🔍

: 인수들 중에서 공통으
로 들어 있는 인수.

설명 더하기

기약이란 "이미 약분했다"라는 뜻이에요. 기약분수는 **분모와 분자가 더는 나눠지지 않는 분수**
이지 가장 작은 분수는 아니에요. 예를 들어서 $\frac{3}{12}$은 분모와 분자가 1 말고도 3이라는 공통된
인수를 갖습니다. **공통인수** 3으로 분모와 분자를 나누면 $\frac{1}{4}$이 되고, 분모와 분자가 1 말고는
공통된 인수를 갖지 않으므로 $\frac{1}{4}$은 기약분수라고 해요.

기 既 이미
약 約 나눗셈하다   ➡ 이미 나누어진, 즉 약분한 분수
분 수

기약분수의 특징

① 서로 같은 값을 갖는 여러 분수에서 **기약분수는 오직 하나**뿐이에요.

예 $\frac{2}{3} = \frac{4}{6} = \frac{6}{9}$ 이 중에 기약분수는 $\frac{2}{3}$뿐

② **분자가 1인 분수, 분모와 분자의 차가 1인 분수**는 모두 기약분수예요.

예 $\frac{1}{2}$, $\frac{1}{3}$, $\frac{1}{4}$, $\frac{2}{3}$, $\frac{3}{4}$는 모두 기약분수

③ 기약분수의 분자와 분모를 각각 거듭제곱한 분수는 모두 기약분수예요.

예 기약분수인 $\frac{2}{3}$의 분모와 분자를 제곱하면 $\frac{4}{9}$이며 $\frac{4}{9}$도 기약분수

기약분수인 $\frac{2}{3}$의 분모와 분자를 세제곱하면 $\frac{8}{27}$이며 $\frac{8}{27}$도 기약분수

거듭제곱   154쪽
같은 수나 문자를 여러 번 곱한 것.

약분을 이용한 기약분수 만들기

기약분수는 분모와 분자를 이 둘의 공약수로 나눠서 구할 수 있습니다. 그런데 이때 **최대공약수를 이용하면** 빠르게, 한 번에 기약분수를 구할 수 있어요.

참고 이와 같이 분자와 분모를 공약수로 나누는 과정을 약분이라고 해요. 그리고 약분을 계속해서 **더 이상은 약분이 되지 않는 분수를 기약분수**라고 해요.

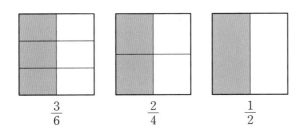

$$\frac{3}{6} \qquad \frac{2}{4} \qquad \frac{1}{2}$$

위의 세 가지 분수는 모두 같은 수를 나타내요. 이 중에 $\frac{1}{2}$이 기약분수예요.

$\frac{3}{6}$을 약분하면 $\frac{1}{2}$가 되고, $\frac{2}{4}$를 약분해도 $\frac{1}{2}$가 되지요.

분모나 분자가 0인 분수?

분수의 개념은 1보다 작은 수를 표현하기 위해서 시작되었죠? 자, 여기에 바게트 빵 하나가 있어요. 이를 5조각으로 냈어요. 그중에 한 조각을 먹으면 그 양을 $\frac{1}{5}$이라고 표현할 수 있지요.

$\frac{1}{5}$

그렇다면 $\frac{0}{5}$은 어떨까요? 누군가 "A가 먹을 수 있는 바게트 빵은 $\frac{0}{5}$만큼이야"라고 한다면 빵 5조각 중에서 0조각이므로 A는 빵을 먹을 수 없어요.

$\frac{0}{5}=0$

그럼 이번에는 $\frac{5}{0}$에 대해 알아볼까요? 빵 0조각 중에서 5조각이라는 말이죠. 마술일까요? 어떻게 0조각 중에 5조각을 먹을 수 있죠? 네, 있을 수 있는 일이 아니죠. 그래서 분수 중에 분모가 0인 수는 '불능', '불가능'하다고 해요.

✳ 요약 정리

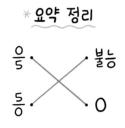

$\frac{0}{5}$ ⋅   ⋅ 불능

$\frac{5}{0}$ ⋅   ⋅ 0

1 다음 분수를 기약분수로 나타내세요.

(1) $\dfrac{351}{999}$

(2) $\dfrac{34}{51}$

〔풀이〕

(1) 351과 999는 9의 배수예요. 어떻게 바로 9의 배수인지 알 수 있냐고요?

3＋5＋1＝9, 9＋9＋9＝27 이렇게 큰 수에서 각 자리의 수를 모두 더했을 때 그 합이 9의 배수이면 그 수는 9의 배수랍니다.

〔참고〕 이 방법은 3의 배수와 9의 배수에만 사용할 수 있어요. 각 자리의 수의 합이 3의 배수이면 그 수는 3의 배수이고, 각 자리의 수의 합이 9의 배수이면 그 수는 9의 배수예요.

(2) 34와 51은 바로 어떤 수로 나누어지는지 찾기 힘들어요. 이런 경우 소수를 나열해 봅니다. 2, 3, 5, 7, 11, 13, 17 … 그러다 보면 앗! 17의 배수라는 것을 알 수 있어요.

배수 134쪽
어떤 수를 1배, 2배, 3배 … 곱한 수.

소수 34쪽
1보다 큰 자연수 중 1과 자기 자신만으로 나누어 떨어지는 수.

2 〈보기〉에서 설명하는 분수는 모두 몇 개일까요?

〈보기〉

$\dfrac{1}{3}$, $\dfrac{5}{6}$ 사이에 있는 기약분수로 분모가 12입니다.

〔해결 과정〕

$\dfrac{1}{3}$, $\dfrac{5}{6}$ 를 분모가 12인 분수로 통분해요.

$\dfrac{1}{3}=\dfrac{1\times\bigcirc}{3\times\bigcirc}=\dfrac{\bigcirc}{\bigcirc}$, $\dfrac{5}{6}=\dfrac{5\times\bigcirc}{6\times\bigcirc}=\dfrac{10}{12}$

$\dfrac{\bigcirc}{12}$ 보다 크고 $\dfrac{\bigcirc}{12}$ 보다 작은 분모가 12인 분수는 (   )입니다. 이 중에서 기약분수는 (   )이에요. 따라서 (   )개입니다.

힘센 정리

❶ 기약분수는 더 이상 약분이 되지 않아 분모와 분자의 공약수가 1뿐인 분수.

❷ 기약분수를 분모와 분자의 최대공약수를 이용해 구할 수 있다.

❸ 기약분수는 크기가 같은 분수들 중에 가장 간단한 분수!

07

진분수와 가분수

 진분수와 가분수를 구별할 수 있어요.

교과연계 ∞ **초등** 진분수의 덧셈과 뺄셈 ∞ **중등** 정수와 유리수

한 줄 정리

진분수는 분자가 분모보다 작은 분수입니다.
가분수는 분자와 분모가 같거나, 분자가 분모보다 큰 분수입니다.

예시

진분수: $\dfrac{1}{5}$, $\dfrac{4}{6}$, $\dfrac{8}{9}$, $\dfrac{7}{12}$

가분수: $\dfrac{2}{2}$, $\dfrac{5}{3}$, $\dfrac{9}{7}$, $\dfrac{18}{12}$

설명 더하기

대분수   76쪽
자연수와 진분수로 이루
어져 있는 수.

분수가 처음 만들어진 이유는 0보다 크고 1보다 작은 수를 나타내기 위해서였어요. 그래서 분자가 항상 분모보다 작은 진분수가 먼저 만들어졌답니다. 이런 의미에서 **분모가 분자보다 큰 진분수는 진짜 분수**라고 할 수 있습니다. 진분수는 찐분수라고 생각하세요.
한편 분자가 분모보다 크거나 같으면 가분수라고 하는데요. **가분수는 대분수로도 표현할 수 있**습니다.

진 眞   참, 진짜   **분수**   → 진짜 분수
가 假   거짓, 가짜   **분수**   → 가짜 분수

진분수의 크기 비교

① **분모가 같은** 진분수의 크기 비교

$\frac{4}{8}$, $\frac{2}{8}$, $\frac{1}{8}$처럼 분모가 서로 같은 분수의 크기를 비교해 볼까요?

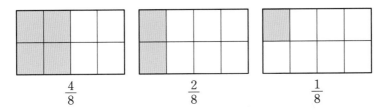

분모가 서로 같은 세 진분수의 크기를 비교해 보면 $\frac{4}{8} > \frac{2}{8} > \frac{1}{8}$

즉, **분자가 클수록 큰 수**랍니다.

② **분자가 같은** 진분수의 크기 비교

$\frac{1}{2}$, $\frac{1}{4}$, $\frac{1}{8}$처럼 분자가 서로 같은 분수의 크기를 비교해 볼까요?

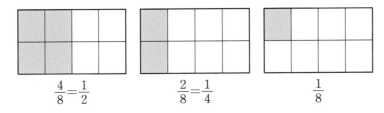

분자가 서로 같은 세 진분수의 크기를 비교해 보면 $\frac{1}{2} > \frac{1}{4} > \frac{1}{8}$

즉, **분모가 클수록 작은 수**예요.

분모와 분자가 같은 분수는?

분모가 분자보다 큰 분수를 진분수, 분자와 분모가 같거나 분자가 분모보다 큰 분수를 가분수라고 했어요. 그럼 분모와 분자가 같은 분수는 가분수인데요, 이것은 앞에서 같은 두 분수의 나눗셈에서도 이야기했었죠.

분모가 2이고 분자도 2인 분수를 써볼까요? $\frac{2}{2}$이에요. 그런데 무언가 조금 이상해 보이지 않나요? 네, 이것은 약분하면 굳이 $\frac{2}{2}$이라고 복잡하게 쓰지 않고, 그냥 1이라고 쓰면 됩니다. 그리고 1은 자연수입니다. 전체를 2등분한 것 중에 2개 전부를 의미하므로 전체 1이 되지요. 따라서 자연수는 가분수가 되는 것이에요.

Tip 쏙쏙

$\frac{A}{A} = 1$ (A: 자연수)

그렇다면 모든 자연수는 분수로 표현할 수 있겠네요.

$1=\dfrac{2}{2}=\dfrac{3}{3}$ … 인 것처럼 $2=\dfrac{4}{2}=\dfrac{6}{3}$ … 이에요.

즉, 자연수는 모든 분수로 표현이 가능합니다. 그러니 계산 결과에서 답이 $\dfrac{2}{2}$가 나온다면 그냥 두면 안 되고요. 최대한 간단히 해서 답을 1이라고 적어야 해요. 많은 학생들이 '약분'을 하지 않아서 답을 틀리는 경우가 있어요. 엄밀히 따지면 틀린 것은 아니지만 수학이라는 과목이 복잡한 문제를 간단히 해결하고자 하는 데에 목적이 있기 때문에 수학의 목적에 맞게 꼭 약분을 해서 써야 합니다.

한눈에 보이는 분수

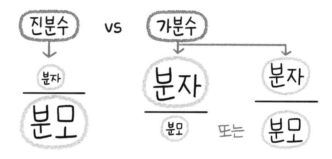

 가분수 인형 탈

놀이동산에 가면 귀여운 마스코트를 볼 수 있어요. 뒤뚱뒤뚱 춤도 추고 어린이 관객들을 안전한 곳으로 안내하기도 해요. 그런데 마스코트들은 사실 사람이 직접 인형탈을 뒤집어쓰고 연기를 하는 거랍니다. 이 마스코트 인형이 귀여운 이유 중 하나는 머리가 몸보다 크기 때문이에요. 마치 분자가 분모보다 큰 가분수와 비슷하죠. 그래서 이렇게 머리가 큰 인형을 '가분수 인형'이라고 부르기도 해요. 가분수 인형은 얼굴의 특징을 잘 보여주는 데다, 단순한 동작도 왠

지 귀엽게 만들어 버리는 효과가 있어요.

사실 이것은 인형이 아닌 사람도 마찬가지랍니다. 어린아이와 어른은 얼굴과 몸의 비율이 달라요. 특히 갓 태어난 신생아들은 얼굴과 몸이 거의 2:1 비율로 보여요. 그런데 성인이 되어서도 얼굴과 몸의 비율이 2:1이라면 어색해 보이지 않을까요? 특히 머리가 크고 무거우면 무게가 위에 쏠려 있어서 걸을 때 잘 넘어지게 됩니다. 그래서 보기에 불안하거든요. 가분수도 그렇습니다. 보기에 불안정하답니다. 그래서 가분수를 이해하면 계산을 편하게 하기 위해 대분수로 고치기도 하는데 이것은 다음 장에서 배워 보아요.

1 다음 분수를 크기가 작은 순서부터 나열하세요.

(1) $\dfrac{2}{5}$, $\dfrac{2}{3}$, $\dfrac{2}{7}$

풀이

분자가 같은 세 진분수의 크기를 비교해 보면 분모가 클수록 작은 수예요.

(2) $\dfrac{4}{6}$, $\dfrac{2}{6}$, $\dfrac{5}{6}$

풀이

분모가 같은 세 진분수의 크기를 비교해 보면 분자가 클수록 큰 수예요

2 다음 분모 또는 분자가 같은 분수의 계산을 하세요.

(1) $\dfrac{3}{8} + \dfrac{2}{8} - \dfrac{1}{8} =$

(2) $\dfrac{1}{2} + \dfrac{1}{4} - \dfrac{1}{12} =$

힘센
정리

❶ 분자가 분모보다 작은 분수는 진분수.
❷ 분자가 분모보다 크거나 같은 분수는 가분수.
❸ 분모가 서로 같은 진분수는 분자가 클수록 큰 수.
❹ 분자가 서로 같은 진분수는 분모가 클수록 작은 수.

08
대분수

 대분수의 뜻을 알고
가분수를 대분수로 고쳐 분수의 덧셈과 뺄셈을
계산할 수 있어요.

교과연계 ∞ **초등** 분수의 덧셈과 뺄셈 ∞ **중등** 정수와 유리수

진분수 72쪽
분자가 분모보다 작은 분수.

한 줄 정리

대분수란 **자연수**와 **진분수**로 **이루어져 있는 수**예요.

예시

$5\dfrac{2}{5}$, $5\dfrac{1}{7}$, $7\dfrac{5}{12}$

설명 더하기

사람들은 대분수라고 하면 '크다'는 뜻을 떠올리기 쉽지만, 그것이 아니라 '띠처럼 이어지다', '띠를 두른 듯 붙어 있다'라는 의미랍니다. 그렇다면 과연 무엇이 붙어 있다는 걸까요? 대분수는 **자연수와 진분수의 합으로 이루어진 수**를 말해요. 예를 들어서 $\dfrac{2}{3}$는 진분수이죠? 3은 자연수이고요? 이 둘은 합하면 $3+\dfrac{2}{3}=3\dfrac{2}{3}$와 같은 수가 되고 이것을 대분수라고 합니다.

대분수는 자연수와 진분수의 합으로 이루어져 있기 때문에, 애초에 진분수인 분수는 대분수로 나타낼 수 없어요. 즉 $\dfrac{1}{2}$, $\dfrac{3}{5}$과 같은 진분수는 그 크기가 1보다 작아서 자연수와 분수의 합으로 나타낼 수 없어 대분수로 고칠 수가 없어요. **오직 가분수만이 대분수로 고치는 것이 가능해요.**

대 帶   띠, 붙어 있다
분 수

→ 둘(자연수, 진분수)이 붙어 있는 분수

대분수를 가분수로, 가분수를 대분수로 나타내기

① $2\frac{4}{5}$ 를 가분수로 나타내려면 아래와 같이 하면 됩니다.

$$2\frac{4}{5}=2+\frac{4}{5}=1+1+\frac{4}{5}$$

$$=\frac{5}{5}+\frac{5}{5}+\frac{4}{5}$$

$$=\frac{5+5+4}{5}=\frac{14}{5}$$

② $\frac{7}{3}$ 을 대분수로 나타내려면 아래와 같이 하면 됩니다.

$$\frac{7}{3}=\frac{3+3+1}{3}$$

$$=\frac{3}{3}+\frac{3}{3}+\frac{1}{3}$$

$$=1+1+\frac{1}{3}=2\frac{1}{3}$$

여기서 꼭 주의할 게 하나 있어요! 대분수는 자연수와 진분수의 형태여야만 합니다. 자연수와 가분수의 형태로는 나타낼 수 없어요. 예를 들어서 $\frac{5}{2}=1+\frac{3}{2}=1\frac{3}{2}$ 과 같이 가분수 $\frac{3}{2}$ 이 들어간 대분수는 쓸 수 없어요. $\frac{5}{2}$ 를 대분수로 표현하려면 $\frac{5}{2}=2+\frac{1}{2}=2\frac{1}{2}$ 로만 표현할 수 있어요.

Tip 쏙쏙

자연수 옆에 가분수가 붙으면 대분수가 아니다.

예 $2\frac{3}{2}$

대분수의 덧셈과 뺄셈

① 분모가 같은 대분수의 덧셈은 자연수는 자연수끼리, 진분수는 진분수끼리 더하면 돼요. 또한 진분수를 계산한 결과가 가분수이면 대분수로 고친답니다.

$$\text{예}\ \ 2\frac{1}{5}+3\frac{2}{5}=(2+3)+\left(\frac{1}{5}+\frac{2}{5}\right)=5\frac{3}{5}$$

$$\frac{4}{5}+\frac{3}{5}=\frac{7}{5}=1\frac{2}{5}$$

② 진분수끼리 뺄 수 없을 때에는 자연수 부분에서 1을 받아내림해서 계산할 수 있어요. 그러면 자연수는 1 작아지고 진분수의 분자는 분모만큼 커집니다.

$$\text{예}\ \ 3\frac{1}{5}-2\frac{2}{5}=2\frac{6}{5}-2\frac{2}{5}=(2-2)+\left(\frac{6}{5}-\frac{2}{5}\right)=\frac{4}{5}$$

 사고력 UP 허리띠를 두른 대분수

> 새 허리띠를 사려는데요. 3으로 주실래요?

허리띠 판매!

대분수는 자연수와 진분수의 합으로 이루어진 분수이죠. 이 이름은 진분수 앞에 쓰인 자연수가 허리띠를 두른 것처럼 보인다고 하여 한자로 '띠'를 뜻하는 대(帶)가 붙어 대분수가 된 것이랍니다. $1\frac{2}{3}$라는 대분수가 허리띠를 3으로 바꾸면 $3\frac{2}{3}$가 되겠죠?

대분수를 잘 이해하면 나눗셈의 몫을 이해할 수 있어요. $\frac{5}{2}$라는 분수는 물건 5개를 2명에게 나누어 주었을 때의 몫으로 생각해 볼 수 있어요. 그럼 $\frac{5}{2}=5\div2$ 이렇게 쓸 수 있는 것이지요.

이를 대분수로 고치면 $\frac{5}{2}=2\frac{1}{2}$이고, 즉 5개를 2명에게 나누어 주면 한 사람이 2개씩 받고 $\frac{1}{2}$씩을 더 받을 수 있다는 의미가 되지요.

이렇듯 수 자체만으로 몫을 이해할 수 있어요. 또한 대분수는 분수보다는 자연수가 익숙한 학생들이 직관적으로 분수의 크기를 비교하기 유용합니다.

1 대분수의 받아올림과 받아내림을 하세요.

(1) $5\dfrac{13}{11}$을 받아올림하세요.

(2) $6\dfrac{2}{5}$를 받아내림하세요.

계산 과정

$$5\dfrac{13}{11}$$
$$=5+\dfrac{\bigcirc}{\bigcirc}$$
$$=5+\bigcirc\dfrac{\bigcirc}{\bigcirc}$$
$$=\bigcirc\dfrac{\bigcirc}{11}$$

계산 과정

$$6\dfrac{2}{5}$$
$$=5+\bigcirc\dfrac{\bigcirc}{5}$$
$$=5+\dfrac{\bigcirc}{5}$$
$$=\bigcirc\dfrac{\bigcirc}{5}$$

2 다음 대분수의 계산을 하세요.

(1) $5\dfrac{3}{8}+3\dfrac{2}{8}=$

(2) $5\dfrac{2}{7}-3\dfrac{3}{7}=$

3 다음 두 분수는 분모가 같고, 크기도 같은 분수입니다. (   ) 안에 알맞은 수를 써 넣으세요.

$$4\dfrac{9}{(\ \ )}=5\dfrac{4}{(\ \ )}$$

힘센 정리

❶ 대분수는 자연수와 진분수로 이루어져 있는 수.

❷ 대분수를 가분수로, 가분수를 대분수로 고칠 수 있다.

❸ 대분수의 덧셈과 뺄셈에서 자연수는 자연수끼리 진분수는 진분수끼리 계산!

09

소수

소수가 무엇인지 배우고
분수를 소수로 고치는 방법을 알 수 있어요.

교과연계 ∞ **초등** 분수와 소수 ∞ **중등** 유한소수와 순환소수

자릿값

: 각 자리의 숫자가 나타내는 값.

한 줄 정리

소수는 일의 자리보다 작은 을 가진 수를 말해요.

예시

0.1, 0.2, 0.3, 1.123

설명 더하기

소수점 92쪽
소수에서 정수 부분과 소수 부분을 나누는 점.

이율

: 원금에 대한 이자의 비율.

모든 소수가 1보다 작은 건 아니에요. 소수점을 이용해서 1.3, 1.4와 같이 1보다 큰 소수도 얼마든지 있어요. 분수가 나온 후 약 3000년 뒤에 소수가 나왔는데 이율 계산을 편리하게 하기 위해 생겼죠. 분수의 분모를 10, 100, 1000 등으로 만들면 소수로 고치기 편해요. 예를 들어서 이율이 $\frac{2}{25}$라는 것보다 $\frac{2}{25} = \frac{8}{100} = 0.08$로 나타내면 100 중에서 8만큼 차지한다는 것을 쉽게 알 수 있어요. 그래서 표현만 다를 뿐 분수와 소수는 비슷한 개념이에요. 분수도 처음에는 1보다 작은 수를 표현하기 위해 나왔지만 1보다 큰 분수도 있는 것처럼, 소수는 1보다 작은 수도 있고 1보다 큰 수도 있어요.

문해력 UP!

소 小 작다
수 數 세다, 숫자

➔ 자릿값이 1보다 작은 수

분수를 소수로 표현하는 법

① 분모가 10, 100, 1000 등과 같이 10의 거듭제곱인 분수는 이렇게 소수로 표현할 수 있어요.

거듭제곱   154쪽
수나 문자를 여러 번 곱한 것.

$$\frac{3}{10} = 0.3 \text{ (소수 한 자릿수)}$$

$$\frac{3}{100} = 0.03 \text{ (소수 두 자릿수)}$$

② 분모가 10의 거듭제곱이 아닌 분수를 소수로 표현하는 방법은 두 가지가 있어요.

방법 1   분모를 10의 거듭제곱이 되도록 만들기

$$\frac{3}{5} = \frac{3 \times 2}{5 \times 2} = \frac{6}{10} = 0.6$$

방법 2   분자 ÷ 분모 이용하기

$$\frac{3}{5} = 3 \div 5 = 0.6$$

소수를 이용해서 단위 환산하는 법

소수를 이용하면 단위를 환산하기 좋아요. 평소 우리가 키나 길이를 이야기할 때 센티미터(cm)나 미터(m)라는 단위를 쓰죠. 또한 무게를 나타내는 단위로는 킬로그램(kg)이나 그램(g)을 사용해요. 이러한 단위들을 환산할 때 소수점의 위치를 이용하면 아주 편리해요. 예를 들어 볼까요?

100센티미터는 1미터와 같아요. 그렇다면 1센티미터는 몇 미터일까요? 소수점을 이용해서 0.01미터라고 해요. 여기서 문제, 123센티미터는 몇 미터일까요?

환산
: 어떤 단위를 다른 단위로 고쳐서 계산하는 것

$$123 \, cm = 1.23 \, m$$

여러 가지 단위와 환산

$1 \, mm \times 10 = 1 \, cm$	$1 \, mg \times 1000 = 1 \, g$
$1 \, cm \times 100 = 1 \, m$	$1 \, g \times 1000 = 1 \, kg$
$10 \, mm = 1 \, cm$	$1000 \, mg = 1 \, g$
$100 \, cm = 1 \, m$	$1000 \, g = 1 \, kg$
$1000 \, m = 1 \, km$	$1000 \, kg = 1 \, t$

소수의 역사

소수는 분수를 더 편리하게 계산하기 위해 만든 수예요. 일의 자리보다 작은 자릿값을 가진 수인 소수는 수의 크기를 비교할 때에 때로는 분수보다 편리해요. 예를 들어 분수인 $\frac{3}{4}$과 $\frac{5}{8}$를 비교할 때 어느 것이 큰지 빨리 구별이 되나요? 이것을 소수로 나타내면 $\frac{3}{4}=0.75$, $\frac{5}{8}=0.625$예요.

자, 이제 두 수의 크기를 비교해 보세요. 0.75가 더 큰 소수이죠.

그럼 무조건 소수가 분수보다 계산이 편할까요? 그렇지 않습니다. 소수보다 분수로 계산하는 것이 더 편할 때도 있어요. 왜냐하면 모든 분수를 소수로 바꾸어 나타낼 수 있는 건 아니기 때문입니다. 분자를 분모로 나누었을 때 나누어떨어지지 않는 수가 있어요. 예를 들어 1을 3으로 나누면 0.3333 …으로 끝없이 이어지는 소수가 됩니다.

그런데 분수로 나타내면 $\frac{1}{3}$으로 간단히 나타낼 수 있어요.

그러니 모든 분수를 다 소수로 고쳐서 계산할 필요는 없어요. 분수와 소수를 모두 배운 뒤에 상황에 맞춰 편리한 방법을 고르면 됩니다. 그게 수학을 배우는 목적이고요.

백분율과 퍼센트

비율

: 어떤 수에 대한 다른 수의 비의 값을 나타낸 것.

백분율

: 비율을 나타내는 방식으로, 전체를 100으로 보고 그중에 얼마가 되는지 수(퍼센트)로 나타내는 것.

코로나19가 한창일 때 뉴스에서 백신 접종률과 완치율에 대한 소식을 들어 본 적 있나요? '율/률'이라는 글자가 뒤에 붙는 단어는 비율을 의미하는 경우가 많아요. 특히 백분율로 비율을 나타낼 때가 많은데 이때 단위는 퍼센트(%)로 표시합니다.

그렇다면 백신 접종률이 40%라는 말의 의미는 무엇일까요? 40%는 100중에서 40을 차지한다는 의미예요. 분수로는 $\frac{40}{100}$이고, 소수로는 0.4이죠. 즉, 백신 접종률이 40%에 이르렀다는 이야기는 100명 중에 40명이 백신을 맞았다는 의미랍니다.

이처럼 우리는 일상생활 속에서 소수를 자주 씁니다. 어느 야구선수의 타율이 0.3 즉 3할이라고 이야기하거나, 은행 적금의 이자 이율이 2.5%라고 이야기하곤 하는데요. 이때 소수를 사용하지요.

> 연이율이 3%인데 → 저금을 100만원 하면 → 1년 후에 이자가 3만원!

1 다음 분수를 소수로 고치세요.

(1) $\dfrac{3}{4}$

（풀이）

분모 4를 10의 거듭제곱으로 만들기 위해서는 ( )를 곱해요.

$$\dfrac{3}{4}=\dfrac{3\times\bigcirc}{4\times\bigcirc}=\dfrac{\bigcirc}{\bigcirc}=(\quad)$$

(2) $\dfrac{3}{20}$

（풀이）

분모 20을 10의 거듭제곱으로 만들기 위해서는 ( )를 곱해요.

$$\dfrac{3}{20}=\dfrac{3\times\bigcirc}{20\times\bigcirc}=\dfrac{\bigcirc}{\bigcirc}=(\quad)$$

2 다음 대화에서 하율이의 질문에 답하세요.

> 하율: 나의 키는 160.3 cm이야.
>
> 효진: 그렇구나. 난 1.6 m인데.
>
> 하율: 그럼 몇 cm인 거지?
>
> 효진: ( ) cm와 같아.
>
> 하율: 그럼 나하고 얼마나 차이가 나는 거지?
>
> 효진: ( ) cm 차이가 나지.

（계산 과정）

1 m는 100 cm와 같으므로 1.6 m=( ) cm이고,

160.3－160=( ) cm

**힘센
정리**

❶ 소수는 일의 자리보다 작은 자릿값을 가진 수.

❷ 분모를 10의 거듭제곱으로 고쳐서 분수를 소수로 나타낼 수 있다.

❸ (분자)÷(분모)를 이용하여 분수를 소수로 나타낼 수 있다.

10

소수의 자릿값

 소수의 자릿값과 소수를 읽는 법을 알 수 있어요.
이를 통해 소수의 덧셈과 뺄셈을 계산할 수 있어요.

교과연계 ⊙ **초등** 소수의 덧셈과 뺄셈 ⊙ **중등** 정수와 유리수

자릿수 26쪽
일의 자리, 십의 자리, 백
의 자리 등등 수의 자리.

한 줄 정리

소수의 각 자릿수에 있는 자릿값은 소수점을 이용해서 나타낼 수 있어요.

예시

3.123
31.23 → 소수점의 위치에 따라 자릿값이 달라요.
312.3

설명 더하기

소수점을 기준으로 왼쪽에 있는 숫자는 n의 자리에 있다고 하며, 오른쪽으로 n번째에 있는 숫자는 소수 n번째 자리에 있다고 해요.
예를 들어서 32.45는 소수점을 기준으로 왼쪽은 32 오른쪽은 45이지요. 즉, 십의 자리의 수가 3, 일의 자리의 수가 2이고, 소수 첫째 자리의 수가 4, 소수 둘째 자리의 수가 5가 됩니다.

소 小 수 數 의
자릿값

➜ 소수의 양쪽 자리에 있는 수의 값

소수의 자릿값, 이렇게 읽어요

① 소수의 자릿값

0.1의 자리는 소수 첫째 자리입니다. 0.01의 자리는 소수 둘째 자리이고요. 0.001의 자리는 소수 셋째 자리라고 해요.

소수 　　　　80쪽
일의 자리보다 작은 자릿값을 가진 수.

$$0.524$$

소수 첫째 자리 ⌐ ↑ ↑ ⌐ 소수 셋째 자리
소수 둘째 자리

0.524는 소수 첫째 자리의 수가 5이고, 소수 둘째 자리의 수가 2, 소수 셋째 자리의 수가 4인 수예요.

② 소수 읽는 방법

소수는 자연수와는 읽는 방법이 달라요. 예를 들어 소수 12.34를 자연수와 마찬가지로 '십이 점 삼십사'라고 읽지 않아요. 소수점 뒤의 자릿값을 붙이지 않고 하나하나 읽어야 해요. 그래서 '십이 점 삼사'라고 읽어야 맞습니다. 그럼 2.05처럼 소수점 뒤에 0이 있는 경우는 어떻게 읽을까요? 0을 '영'으로 읽어서 '이 점 영오'라고 해요.

소수의 덧셈과 뺄셈, 이렇게 구해요

① 자릿수를 이용하는 방법

0.3＋0.8을 계산해 볼까요? 0.3은 0.1이 3개인 값이죠. 0.8은 0.1이 8개인 값이고요. 따라서 이 둘의 합은 0.1이 11개인 값입니다. 즉 0.3＋0.8＝1.1이지요.

② 수직선의 원리를 이용하는 방법

0.9＋0.5를 수직선을 이용해서 계산하면 1.4입니다.

③ 소수의 자릿수에 맞추어 세로 셈하는 방법

예 1.23＋2.12＝3.35　　　　예 1.23＋2.3＝3.53

```
  1 . 2 3              1 . 2 3
+ 2 . 1 2            + 2 . 3
─────────            ─────────
  3 . 3 5              3 . 5 3
```

④ 분수와 소수의 혼합계산

분수와 소수를 서로 더하거나 빼야 할 경우에는 어떻게 할까요? 당연히 이 둘을 하나로 통일해야 계산이 가능하겠죠? 즉 분수를 소수로 고치거나, 또는 소수를 분수로 고쳐서 계산해야 해요.

소수점의 위치, 이렇게 중요해요

① 소수점의 위치와 소수의 관계

2.722킬로그램짜리 밀가루 1봉지와 5킬로그램짜리 부침가루 1봉지가 있을 때, 소수점의 이동을 알아봅시다.

여기서 밀가루 1봉지의 무게는 2.722킬로그램이므로 밀가루 10봉지의 무게는 27.22킬로그램이고, 100봉지의 무게는 272.2킬로그램입니다.

그리고 부침가루 1봉지의 무게는 5킬로그램이므로 부침가루 1봉지의 0.1배의 무게는 0.5킬로그램, 1봉지의 0.01배의 무게는 0.05킬로그램입니다.

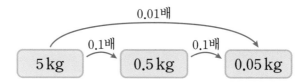

② 소수점의 이동

어떤 소수가 10배가 되면 소수점이 오른쪽으로 1칸 이동합니다. 반대로 어떤 소수가 0.1배가 되면 소수점이 왼쪽으로 1칸 이동합니다. 그럼 소수가 100배가 되면 소수점이 오른쪽으로 2칸 이동하게 되겠지요? 또한 0.01배가 되면 소수점이 왼쪽으로 2칸 이동하게 되고요.

1 다음 ( ) 안에 알맞은 수를 쓰세요.

① 0.1이 4개, 0.01이 5개인 소수는 ( )이고, ( )라고 읽어요.

② 0.012−0.002=( )

참고 세로 셈으로 소수점을 맞춰서 계산해요.

2 5리터 통에 음료수가 1.24리터 들어 있어요. $\frac{1}{5}$리터의 음료수를 더 넣었다면 앞으로

몇 리터의 음료수를 더 넣어야 통이 가득 찰까요? (소수로 고쳐서 계산하세요)

해결 과정

현재 들어 있는 음료수의 양은 ( )리터입니다.

따라서 ( )리터를 더 넣어야 가득 찹니다.

힘센 정리

❶ 소수는 자릿값에 따라서 크기를 비교할 수 있다.

❷ 소수점 왼쪽과 오른쪽의 읽는 방법은 다르다.

❸ 소수의 덧셈과 뺄셈은 소수점의 위치를 맞춰 계산!

11

소수의 크기

 분수와 소수의 크기를 비교할 수 있어요.

교과연계 ∞ **초등** 소수의 덧셈과 뺄셈 ∞ **중등** 유리수와 순환소수

소수 80쪽
일의 자리보다 작은 자릿
값을 가진 수.

자릿값
: 각 자리의 숫자가 타
나내는 값

(한 줄 정리)

둘 이상의 소수의 크기는 을 이용해서 어느 쪽이 더 큰지, 작은지 비교합니다.

(예시)

0.2>0.1,　0.1>0.01

(설명 더하기)

자연수의 크기를 비교하는 일은 어렵지 않아요. 3보다는 4가 큰 수라는 건 바로 알 수가 있죠. 이와 같이 소수의 크기도 비교할 수 있어요. 0.3은 0.1이 3개 있는 것과 같고요. 0.4는 0.1이 4개 있는 것과 같아요. 그래서 0.3보다 0.4가 더 큰 수예요.

0.3과 0.31을 비교할 때에는 0.3은 0.01이 30개 있는 것과 같고요. 0.31은 0.01이 31개 있는 것과 같아요. 그래서 0.3보다 0.31이 더 커요. 즉, 30과 31을 비교하면 쉽게 비교할 수 있어요. 참고로 소수의 크기 비교는 소수점이 없다고 생각하면 쉽게 비교할 수 있어요.

소 小 수 數 의
크기

➔ 소수의 크고 작음

소수의 크기 비교

① 소수점 **왼쪽의 숫자가 같을 때**

　→ 소수점 오른쪽 숫자가 큰 소수가 더 큰 수다.

1.23과 1.24의 크기를 비교해 봅시다. 소수 첫째 자리의 수는 같지만 둘째 자리의 수가 각각 3과 4이므로 1.23＜1.24예요.

참고 소수점이 없다고 생각하면 123과 124 중에 124가 더 큰 수이죠?

② 소수점 **왼쪽의 숫자가 다를 때**

　→ 소수점 왼쪽의 숫자가 큰 소수가 더 큰 수다.

1.2와 2.2는 소수점 왼쪽의 수가 1보다 2가 더 커요. 그래서 1.2보다 2.2가 더 큰 수예요.

참고 소수점이 없다고 생각하면 12와 22 중에는 22가 더 큰 수이죠? 1.2＜2.2예요.
　그러나 1.23과 2.2를 비교할 때 123과 22라고 비교하면 안 되겠죠?

분수와 소수의 크기 비교

다음 세 수의 크기를 비교해 볼까요?

$\dfrac{1}{4}$, $\dfrac{9}{40}$, 0.26

이 세 수를 모두 소수로 고치면 다음과 같습니다.

$\dfrac{1}{4}=0.25$, $\dfrac{9}{40}=\dfrac{225}{1000}=0.225$, 0.26

그럼 이 세 소수를 작은 수부터 크기순으로 나열하면 어떻게 될까요?

0.225＜0.25＜0.26

즉, 세 수의 크기는 $\dfrac{9}{40}＜\dfrac{1}{4}＜0.26$입니다.

모눈종이로 소수의 크기를 비교하자

0.2와 0.4를 100칸짜리 모눈종이 위에 색칠해 봐요. 0.2는 100칸 중에 20칸을 칠해야 합니다. 그리고 0.4는 100칸 중에 40칸을 칠해요.

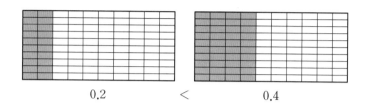

0.2   <   0.4

모눈종이에서 보는 것과 같이 0.2보다 0.4가 더 크지요.

수직선으로 소수의 크기를 비교하자

수직선   168쪽
직선 위에 원점(0)을 기준으로 양수와 음수를 무한히 펼쳐 놓은 것.

3.26과 3.27을 수직선에 나타내 볼까요? 수직선에서 오른쪽으로 갈수록 큰 수랍니다.

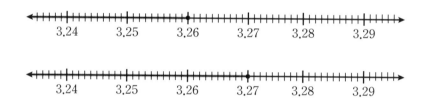

수직선에서 보는 것과 같이 3.26보다 3.27이 더 큰 수예요.

컴퓨터가 할 수 없는 계산

컴퓨터는 못 하는 게 없는 아주 똑똑한 기계이지요? 어떤 사람들은 똑똑한 컴퓨터가 있는데 인간이 수학을 배워서 뭐하느냐고 말하기도 해요. 그런데 그거 아나요? 컴퓨터는 구조상 분수를 계산할 수 없다는 것을요. 그럼 분수는 어떻게 해야 컴퓨터로 계산할 수 있을까요? 그것은 바로 분수를 소수로 바꾸어 계산하는 거랍니다

사람들은 보통 소수 0.1을 100번 더하면 10이 된다는 것을 바로 계산해요. 하지만 컴퓨터는 소수 0.1에 10을 곱하여 자연수 1로 만든 뒤에, 100번을 더하고 난 후 다시 10으로 나누는 방법을 사용한다고 해요. 물론 계산 속도가 엄청나서 이렇게 몇 단계를 거쳐도 사람보다는 빠르죠. 그러나 컴퓨터가 분수를 계산하지 못한다는 것을 모르는 사람이 많습니다.

1 다음 수들을 작은 수부터 나열할 때 세 번째 올 수를 찾으세요.

$$\frac{5}{8}, \quad 0.6, \quad \frac{61}{100}, \quad \frac{7}{10}$$

해결 과정

분수를 모두 소수로 고쳐요.

$$\frac{5}{8}=\frac{5\times\bigcirc}{8\times\bigcirc}=\frac{\bigcirc}{1000}=\left(\qquad\right)$$

$\frac{5}{8}=(\quad)$, 0.6, $\frac{61}{100}=(\quad)$, $\frac{7}{10}=(\quad)$

작은 수부터 크기순으로 나열하면 (　　　　　　)이므로 세 번째 올 수는 (　　)

이에요.

2 다음 지도는 한라산 등반이 가능한 7가지 코스를 색깔별로 나타낸 것이에요.
가장 먼 코스와 가장 가까운 코스를 찾아서 몇 킬로미터 차이가 나는지 쓰세요.

4번코스 석굴암 1.5 km
3번코스 어승생악 1.3 km
5번코스 관음사 8.7 km
2번코스 어리목 6.8 km
6번코스 성판악 9.6 km
7번코스 돈내코 7.0 km
1번코스 영실 5.8 km

해결 과정

가장 먼 코스는 (　)번 코스로 (　)킬로미터이고, 가장 가까운 코스는 (　)번 코
스로 (　)킬로미터예요. 따라서 (　)−(　)=(　)킬로미터 차이가 나요.

**힘센
정리**

❶ 소수점 왼쪽의 숫자가 같을 때 소수점 오른쪽 숫자가 큰 소수가 더 큰 수.

❷ 소수점 왼쪽의 숫자가 다를 때 소수점 왼쪽의 숫자가 큰 소수가 더 큰 수.

❸ 분수와 소수의 크기 비교는 분수를 소수로 고쳐서!

12

소수점

 오늘 나는

소수점의 의미를 알고
소수점의 위치에 맞춰 소수의 곱셈을 할 수 있어요.

교과연계 ∞ **초등** 소수의 곱셈 ∞ **중등** 유리수와 순환소수

정수   184쪽
—1, 0, 1처럼 양의 정
수와 음의 정수, 그리고
0을 통틀어 말하는 수.

소수   80쪽
일의 자리보다 작은 자릿
값을 가진 수.

한 줄 정리

소수점이란 소수에서 **정수** 부분과 **소수** 부분을 나누는 점을 말해요.

예시

134는 소수점의 위치에 따라서
1.34
13.4
134
이 셋이 모두 다른 수입니다.

설명 더하기

소수점은 정수 부분과 소수 부분을 나누는 점이에요. 예를 들어서 1.34는 정수 부분이 1이고,
소수 부분이 0.34이지요. 소수점은 모든 나라에서 같은 기호로 표시하는 것은 아니에요. 우리
나라에서는 ' . '을 이용해서 나타내요. 소수점을 기준으로 **소수점 왼쪽의 수를 정수 부분**이라 하
고, **오른쪽의 수를 소수 부분**이라고 해요. 소수 부분의 수는 0보다 크거나 같고, 1보다 작아요.

 문해력 UP!

소 小 작다
수 數 세다, 숫자
점 點 점

➔ 수를 (정수 부분과 소수 부분으로)
  나누는 작은 점

0은 중요해

소수의 곱에서 0의 위치는 중요한 역할을 합니다. 아래의 다양한 경우를 살펴보세요.

① 0만큼 이동해

$$235 \times 0.001 = 0.235$$

곱해진 소수가 0.001이지요. 이런 경우 소수점 '오른쪽' 자리의 수만큼 자연수의 소수점을 '왼쪽'으로 옮깁니다. 옮길 자리가 없으면 왼쪽으로 0을 채우면서 소수점을 옮깁니다.

② 마지막 0은 생략할 수 있어

$$0.2 \times 0.5 = 0.10$$

위와 같이 소수점 오른쪽 숫자 뒤의 마지막에 0이 있으면 대부분 생략해서 써요.

0.20 → 0.2
0.200 → 0.2
0.2000 → 0.2

위의 소수들은 모두 크기가 같아요. 소수점 오른쪽 끝자리의 0은 생략하여 나타내기 때문이에요. 이 소수들의 자릿수를 이야기할 때에는 '소수 첫 번째 자리에서 처음으로 0이 아닌 수 2가 나온다'고 말할 수 있어요. 다시 말해서 소수점 오른쪽의 숫자 뒤에 있는 마지막 0은 생략해 0.2로 간단히 써요.

한편 3.05, 0.7, 30.2와 같이 소수점 오른쪽 끝자리를 제외한 곳에 있는 0은 생략하면 안 됩니다.

소수의 곱셈

소수와 10의 거듭제곱의 곱셈은 어떻게 할까요? 0.24×10의 계산을 다양한 방법으로 해보도록 해요.

① 분수의 곱셈으로 계산

$$0.24 \times 10 = \frac{24}{100} \times 10 = \frac{24}{10} = 2.4$$

② 자연수의 곱셈으로 계산

$$24 \times 10 = 240$$

$$\downarrow \tfrac{1}{100}\text{배} \qquad \downarrow \tfrac{1}{100}\text{배}$$

$$0.24 \times 10 = 2.4$$

③ 소수의 크기를 생각해 소수점을 이동하여 계산

$$0.24 \times 10 = 2.4$$

(소수점을 오른쪽으로 한 칸 이동)

참고 소수와 10의 거듭제곱의 곱셈은 소수점을 이동하여 계산하면 편해요.

0.24×10	$= 2.4$	(오른쪽으로 한 칸 이동)
0.24×100	$= 24$	(오른쪽으로 두 칸 이동)
0.24×1000	$= 240$	(오른쪽으로 세 칸 이동)
0.24×0.1	$= 0.024$	(왼쪽으로 한 칸 이동)
0.24×0.01	$= 0.0024$	(왼쪽으로 두 칸 이동)

나라마다 다른 소수점

1.2는 우리나라에서는 일의 자리의 수가 1이고, 소수 첫째 자리의 수가 2인 수예요. 1, 2는 1과 2가 나란히 있는 것을 뜻하고요. 즉 소수점은 점(.)을 찍어 표현하고, 여러 수를 나열할 때는 쉼표(,)를 찍어 나타냅니다. 그런데 프랑스와 독일에서는 쉼표를 소수점으로 사용합니다. 그래서 3유로 25센트를 숫자로 적으면 EUR 3,25 라고 써요.

수학의 언어, 수학의 기호가 세계 어디에서나 다 똑같은 것은 아니에요. 혹시나 유럽 여행 중에 소수점을 쓸 일이 있다면 잘 기억해 두었다가 바르게 표기하세요.

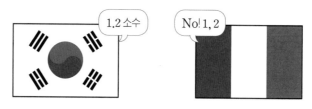

1 다음 빈칸에 알맞은 수를 쓰세요.

$3.14 \times 1 \quad = (\quad)$

$3.14 \times 0.1 \ = (\quad)$

$3.14 \times 0.01 = (\quad)$

$3.14 \times 10 \ = (\quad)$

$3.14 \times 100 = (\quad)$

2 은영이는 10일 동안 걷기 운동 계획을 세우고 핸드폰에 걷기 어플을 설치했어요. 이 어플은 홀수 날에는 하루에 2.3킬로미터씩, 짝수 날에는 하루에 1.9킬로미터씩 걷도록 설정되어 있습니다. 10일 동안 은영이가 어플의 설정대로 다 걷는다면 걷게 되는 거리는 총 몇 킬로미터일까요?

── 해결 과정

10일 동안 짝수 날은 ( )일, 홀수 날은 ( )일이에요. 따라서 은영이가 걸은 총 거리를 식으로 나타내면 ( )이므로, 10일 동안 걷게 되는 총 거리는 ( )킬로미터예요.

힘센 정리

❶ 소수점은 소수에서 정수 부분과 소수 부분을 나누는 점.

❷ 소수의 곱셈은 분수로 고쳐서 계산할 수 있다.

❸ 소수의 곱셈에서 소수점 위치에서 0을 채우면서 소수점을 옮기기도 하고 0을 생략하기도 한다.

13
유한소수

 오늘 나는

유한소수의 의미를 알고
분수 중에 유한소수를 찾을 수 있어요.

교과연계 ∞ **초등** 분수와 소수 ∞ **중등** 유리수와 순환소수

유한개

🔍

: 수의 개수가 한계가
있는 것.

한 줄 정리

유한소수는 소수점 오른쪽의 숫자가 **유한개**인 소수를 말해요.

예시

0.3, 2.11, −10.889

설명 더하기

무한개

🔍

: 수의 개수가 한계가
없는 것.

소수에는 두 종류의 소수가 있어요. 하나는 소수점 오른쪽의 숫자가 유한개인 소수이고요, 다른
하나는 소수점 오른쪽의 숫자가 **무한개**인 소수입니다. 유한개라는 것은 **소수점 오른쪽의 숫자
가 유한개인 소수**를 말해요.

$\dfrac{3}{10}, \dfrac{3}{100}$ 같은 분수를 소수로 나타내면 0.3, 0.03이 되는데 이것이 유한소수예요.

 문해력 **UP!**

유 有 있다
한 限 한계, ~까지 ➡ 한계가 있는 소수
소수

나눗셈을 소수로 나타내는 방법

$3 \div 5$를 소수로 나타낼 수 있어요. 직접 나누는 방법도 있고, 분수를 이용하는 방법도 있어요.

① 직접 나누기

$$
5 \overline{)3} \quad \rightarrow \quad 5 \overline{\smash{)}\begin{array}{r} 0.6 \\ 3.0 \\ \underline{3.0} \\ 0 \end{array}}
$$

② 분수를 이용하기

나눗셈인 $3 \div 5$를 분수로 나타내면 $\frac{3}{5}$이 됩니다. 그리고 $\frac{3}{5}$의 분모를 10의 <mark>거듭제곱</mark>으로 나타낸 뒤 이를 소수로 나타내면 0.6이 됩니다. 그리고 0.6은 끝이 있는 유한소수예요.

$$
3 \div 5 = \frac{3}{5} = \frac{3 \times 2}{5 \times 2} = \frac{6}{10} = 0.6
$$

거듭제곱 154쪽
같은 수나 문자를 여러 번 곱한 것.

유한소수로 나타낼 수 있는 분수

분수의 분모를 10의 거듭제곱으로 나타낼 수 있다면 유한소수로도 나타낼 수 있어요. 그런데 **분모를 10의 거듭제곱으로 나타내려면** 조건이 있죠. 그것은 바로 **분모의 <mark>소인수</mark>가 5 또는 2뿐이어야 한다**는 거예요.

예를 들어 $\frac{3}{8}$은 분모 8의 소인수가 2뿐이에요. 분모와 분자에 125를 곱하면 분모를 1000으로 만들 수 있고, $\frac{3 \times 125}{8 \times 125} = \frac{375}{1000} = 0.375$와 같이 유한소수로 나타낼 수 있어요. 하지만 $\frac{3}{7}$은 분모와 분자에 어떤 수를 곱해도 분모를 10의 거듭제곱으로 만들 수 없어요. 그래서 유한소수로 나타낼 수 없어요.

소인수 150쪽
어떤 수의 인수 중에서 소수인 인수.

Tip 쏙쏙

분모의 소인수가 5 또는 2이면 10의 거듭제곱을 만들 수 있어서 유한소수!

소인수가
오 이뿐
→ 유한소수

유한소수와 무한소수 찾는 방법

기약분수   68쪽
더 이상 약분이 되지 않
는 분수. 분모와 분자의
공약수가 1뿐이다.

경찰이 되려면 100미터 달리기는 몇 초?

경찰이 되기 위해서는 필기시험도 봐야 하고 실기시험도 봐야 합니다. 범인을 잡기 위한 체력
은 경찰이 되기 위한 중요한 자질 중 하나죠. 실기시험에는 100미터 달리기 항목도 있는데요.
달리기는 찰나의 기록까지 중요하기 때문에 소수 첫째 자리까지 평가 기준에 들어간답니다.
예를 들어서 남성이 100미터를 13.4초에 달렸다면 9점을 받아요.

그럼 소수 첫째 자리까지 어떻게 시간을 잴 수가 있을까요? 그
건 스톱워치가 있어서 걱정이 없습니다. 스톱워치의 버튼을 누
르면 시간이 소수점 단위로 기록이 되니까요. 그러다가 버튼을
다시 누르면 스톱워치 작동이 멈춰지고 화면에는 달리기 기록
이 '유한소수'로 보입니다.

1 다음 수 중에서 유한소수는 모두 몇 개일까요?

$$\frac{2}{5}, \quad 0.34, \quad \frac{1}{4}, \quad \frac{5}{6}, \quad 0.0001, \quad \frac{1}{3}$$

참고 ① 분수를 소수로 고쳐요
② 기약분수의 분모의 소인수로 확인해요.

2 다음은 나눗셈을 소수로 고치는 과정이에요. 빈칸에 알맞은 수를 쓰세요.

$$7 \div 20 = \frac{7}{20} = \frac{7 \times (\quad)}{20 \times (\quad)} = \frac{(\quad)}{(\quad)} = (\quad)$$

힘센 정리

❶ 유한소수는 소수점 오른쪽의 숫자가 유한개인 소수.

❷ 분수의 분모를 10의 거듭제곱으로 나타낼 수 있으면 유한소수.

❸ 분모의 소인수가 5 또는 2뿐이면 유한소수.

14
무한소수

무한소수가 무엇인지 배우고
순환소수를 분수로 고치는 방법을 알 수 있어요.

교과연계 ∞ **초등** 분수와 소수 ∞ **중등** 유리수와 순환소수

실수   206쪽
수직선 위에 나타낼 수
있는 수. 유리수와 무리
수 모두.

무한개 🔍
: 수의 개수가 한계가
없는 것.

한 줄 정리

무한소수란 실수 중에서 유한소수가 아닌 소수를 뜻해요.
소수점 오른쪽의 숫자가 모두 0이 아닌 숫자로 무한히 계속되는 소수입니다.

예시

$$\frac{4}{7}=0.571482 \cdots, \quad \frac{1}{6}=0.1666 \cdots, \quad \sqrt{2}=1.4142 \cdots$$

설명 더하기

$\frac{1}{3}$ 을 나눗셈을 이용해서 소수로 나타내면 $1 \div 3 = 0.3333 \cdots$ 이 됩니다. 이와 같이 소수점
오른쪽의 숫자가 모두 0이 아닌 숫자로 무한히 계속되는 소수를 무한소수라고 해요. 그럼 자연
수는 무한소수일까요? 유한소수일까요? 자연수는 소수점 오른쪽 숫자가 0이기 때문에 유한소
수입니다.

문해력 UP!

무 有   없다
한 限   한계, ~까지   → 한계가(끝이) 없는 소수
소 수

분수와 소수

① 모든 분수는 소수로 나타낼 수 있을까요? 답은 "Yes"

분수를 소수로 고치려면 나눗셈, 즉 분자÷분모를 이용하면 됩니다. 이때 나누어떨어
지는 경우가 있는가 하면, 나누어떨어지지 않는 경우도 있어요. 그래서 모든 분수는
소수로 나타낼 수 있어요. **끝이 있는 유한소수** 또는 **끝이 없는 무한소수** 둘 중 하나죠.

예를 들어 $\frac{1}{7}$을 분수로 고치면 어떻게 될까요?

$$\frac{1}{7}=1\div 7=0.142857142857\cdots$$

끝없이 소수점 오른쪽에 수가 이어지는 무한소수가 됩니다.

Tip 쏙쏙

분수 $\xleftarrow[\text{Yes}]{\text{No}}$ 소수

② 모든 소수는 분수로 나타낼 수 있을까요? 답은 "No"

0.12와 같은 유한소수는 분수로 나타낼 수 있어요. 하지만 0.1234567 … 같은 무한
소수는 분수로 나타낼 수 없어요. 즉, 모든 소수를 분수로 나타낼 수는 없어요.

다만 이때 0.121212 …와 같은 무한소수 중에서 규칙적으로 반복되는 소수는 분수
로 나타낼 수 있어요. 이런 소수를 순환소수라고 해요.

하지만 0.123451345255 …와 같은 무한소수 중에서 규칙 없이 끝없이 수가 이어
지는 소수는 분수로 나타낼 수 없어요. 이런 수를 무리수라고 해요.

순환소수   104쪽
소수점 이하의 수들이 일
정한 규칙을 가지고 반복
되는 무한소수.

무리수   198쪽
실수 중에서 유리수가 아
닌 수. 분수로 나타낼 수
없다.

무한소수(순환소수)를 분수로 나타내기

0.1212 … 를 분수로 바꿀 수 있을까요? 있습니다! 소수점 오른쪽으로 반복되는 수를
같도록 만든 뒤에 뺄셈을 하면 돼요. 자, 0.1212 … 를 미지수 x라고 생각해 봅시다.

$$x=\ 0.1212\cdots$$
① 양쪽에 똑같이 100을 곱해요.

$$100\times x=12.1212\cdots$$
② 소수점 오른쪽이 같으므로 빼요.

$$-)\ \underline{\quad x=\ 0.1212\cdots}$$

$$99\times x=12$$

$$x=\frac{12}{99}=\frac{4}{33}$$
③ 미지수 x를 구해요.

미지수
: 아직 정해져 있지 않
은 수.

무한소수로 만든 아름다운 황금비

유클리드라는 고대의 수학자가 쓴 〈원론〉을 보면 "한 선분을 둘로 나눌 때, 전체 선분의 길이와 긴 부분의 길이의 비가 긴 부분과 짧은 선분의 길이의 비와 똑같으면 이 선분을 황금비"라고 했어요.

> **비례식**
>
> : $1:2=2:4$와 같이 비례 관계에 있다는 것을 식으로 나타낸 것.
> → 2권 〈식의 세계〉 참고

위의 그림에서 긴 부분을 미지수 x라고 하고 짧은 부분은 1이라고 해봅시다. 비례식 $(x+1):x=x:1$을 만족시키는 x를 구하면 이 길이가 약 1.618 … 로 끝이 없는 무한소수가 된답니다. 바로 이 1:1.618을 '황금비'라고 불렀어요. "황금과 같이 보기에 가장 안정적이며 아름다운 비율"이라고 생각했기 때문이에요.

그림이나 조각상에는 이 황금비를 이용한 작품이 많이 있어요. 그 유명한 비너스상을 보면 머리끝부터 배꼽까지, 배꼽에서 발바닥까지의 비율이 1:1.618이라는 황금비에 딱 맞는다고 해요. 그래서 지금도 많은 사람에게 사랑받는 명작으로 꼽히는 게 아닐까 합니다.

조각뿐만 아니라 진짜 사람의 몸도 황금비를 이루고 있을 때에 예쁘고 비율이 좋다고 느껴진다고 해요. 하지만 동양인 중에서는 황금비의 비율을 갖고 있는 사람이 그렇게 많지는 않아요. 동양인은 서양인보다 대개 하체가 조금 짧아서 그 비율이 약 1:1.5 또는 1:1.4라고 해요.

밀로의 비너스상

그래서 동양의 건축물은 이 비율로 이루어진 게 많아요. 이 비율을 '금강비'라고 하는데요. 금강비는 $1:\sqrt{2}$(약 1.414)로, "금강산처럼 아름다운 비례"라는 뜻이라고 합니다. 부석사 무량수전이나 경주 석굴암 등이 금강비로 지어진 대표적인 건축물이에요. 동양인 몸의 비율에 맞춰 건축물을 짓다니! 선조들의 지혜가 느껴지지 않나요? 서양에 황금비가 있다면 동양에는 금강비가 있어요.

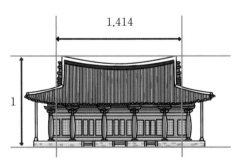

1 다음 분수를 소수로 나타내고 유한소수인지 무한소수인지 쓰세요.

(1) $\dfrac{1}{6} =$

(2) $\dfrac{3}{25} =$

2 다음은 무한소수를 분수로 나타내는 과정이에요. 빈칸에 알맞은 수를 쓰세요.

$$1.25555\cdots = x라 \ 하면$$
$$(\quad) \times x = 125.5555\cdots$$
$$-) \quad (\quad) \times x = \ 12.5555\cdots$$
$$\overline{\qquad\qquad\qquad\qquad\qquad}$$
$$90 \times x = (\quad)$$
$$x = \dfrac{(\quad)}{(\quad)}$$

**힘센
정리**

❶ 무한소수란 소수점 오른쪽의 숫자가 모두 0이 아닌 숫자로 무한히 계속되는 소수.

❷ 모든 분수는 소수로 나타낼 수 있다.

❸ 모든 소수를 분수로 나타낼 수 있는 것은 아니다.

15

순환소수

무한소수의 두 가지인
순환소수와 비순환소수를 알 수 있어요

교과연계 ∞ **초등** 분수와 소수 ∞ **중등** 유리수와 순환소수

무한소수 100쪽
소수점 오른쪽의 숫자가
모두 0이 아닌 숫자로 무
한히 계속되는 수.

한 줄 정리

순환소수란 소수점 이하 어떤 자리로부터 뒤에 같은 수가 같은 순서로 한없이 반복되는
무한소수를 뜻해요.

예시

$$\frac{1}{7} = 0.142857142857 \cdots \,,\, \frac{1}{6} = 0.1666 \cdots$$

설명 더하기

소수점 이하의 수들이 일정한 규칙을 가지고 반복되는 무한소수를 순환소수라고 합니다. 그
리고 그렇지 않은 무한소수는 '순환하지 않는 무한소수' 또는 비순환소수라 해요. 예를 들어서
0.333 … 은 3이 계속 반복되니 무한소수 중에 순환소수랍니다. 3.141592 … 는 규칙이 없
으니 비순환소수이고요. **규칙이 있는 순환소수는 분수로 표현할 수 있어요.** 그러나 규칙이 없는
비순환소수는 분수로 나타낼 수 없어요.

비순환소수
: 순환소수가 아닌 무한
소수. '비非'는 '아니다'
라는 의미예요.

순 循 빙빙 돌다
환 環 둥글다
소 수

→ 빙빙 돌고 도는 소수

무엇이 순환소수일까?

유리수는 분수로 표현 가능한 수예요. 분수(기약분수)를 소수로 나타내면 '유한소수'와 '무한소수'로 나뉘어요. 무한소수에는 '순환소수'와 '비순환소수'가 있는데 순환소수만 분수로 표현이 가능해요. 순환소수는 유리수이죠. 그리고 비순환소수는 분수로 표현이 불가능해서 유리수가 아닌 무리수가 돼요.

예를 들어서 $\frac{1}{2}$, $\frac{1}{5}$은 각각 0.5, 0.2라는 유한소수로 나타낼 수 있어요. 그리고 $\frac{1}{3}$은 0.3333 … 인 무한소수로 나타낼 수 있어요. 이처럼 유한소수로 나타낼 수 없는 $\frac{1}{3}$ 같은 유리수는 무한소수 중에서 순환소수랍니다.

모든 유한소수는 유리수인가요? YES
모든 무한소수는 무리수인가요? NO
모든 무한소수는 유리수인가요? NO

참고 무한소수에는 유리수(순환소수)와 무리수(비순환소수)가 있어요.

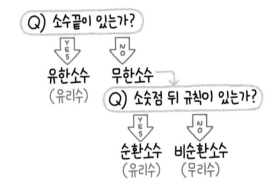

순환마디를 나타내는 법

0.123123123 … 이렇게 소수점 뒤에 123이 계속 반복되는 순환소수가 있습니다. 이때 이 **123처럼 반복되는 숫자 구간을 순환마디**라고 해요. 그리고 순환마디 위에 점을 찍어서 순환소수를 0.1̇2̇3̇과 같이 표현할 수 있어요. 이때 **반복되는 구간 처음의 수와 끝의 수에만 점을 찍어** 나타냅니다. 0.1̇2̇3̇처럼 순환마디에 모두에 점을 찍으면 안 돼요.
또한 주의해야 할 점은 순환소수 1.23123123123 … 에서 순환마디는 123이 아니에요. 소수점 뒤에서부터 반복되는 구간이 231이므로 이때의 순환마디는 231입니다. 그래서 이를 순환소수로 표현하면 1.2̇3̇1̇이 됩니다.

기약분수 68쪽
더 이상 약분이 되지 않는 분수. 분모와 분자의 공약수가 1뿐이다.

유리수 194쪽
분자, 분모(분모 ≠ 0)가 모두 정수인 분수로 나타낼 수 있는 수.

순환소수	순환마디	순환소수 표현
0.4444 …	4	$0.\dot{4}$
12.343434 …	34	$12.3\dot{4}$
2.3415234152 …	34152	$2.3\dot{4}15\dot{2}$

정리! 순환소수를 표현할 때의 주의점은 두 가지입니다.

① 순환마디의 처음과 끝에만 점을 찍어요.

$$1.234234234 \cdots$$
$$= 1.\dddot{2}\dddot{3}\dddot{4} \quad 1.\dot{2}3\dot{4}$$

② 소수점 뒤에서 반복되는 구간이 순환마디예요.

$$1.23412341234 \cdots$$
$$= 1.2\dot{3}\dot{4} \quad 1.\dot{2}34\dot{1}$$

물의 순환

과학 시간에 물의 순환을 나타낸 그림을 보면 물이 증발해 하늘의 구름이 되고, 이 구름은 비가 되어 다시 땅으로 내려옵니다. 그리고 이 물은 다시 증발하게 되죠. 이 순환은 무한히 반복됩니다. 그래서 '순환'이라고 표현하지요. 과학 시간에 배우는 '순환'과 수학에서 배우는 '순환'은 같은 의미예요.

〈순환소수의 순환성〉
$$0.\dot{1}2\dot{3} = 0.123123 \cdots$$

물의 순환은 지구의 상태를 언제나 같게 유지해 생명체가 안전하게 살아갈 수 있게 합니다. 이 순환이 깨지거나 멈춰진다면 우리는 지금처럼 살 수 없지요.
우리 몸에서도 이처럼 무한 반복되는 순환이 있어요. 바로 혈액순환이에요. 혈액순환도 절대 멈춰져서는 안 되는 중요한 순환 중의 하나이지요.

1 다음 순환소수 중에서 순환마디가 바르게 연결된 것을 찾아보세요.

① 0.90909 ⋯ → 09

② 1.23123123 ⋯ → 123

③ 0.09999 ⋯ → 9

④ 1.21212 ⋯ → 12

⑤ 0.0100101001 ⋯ → 010

2 $\frac{3}{7}=0.428571428571$ ⋯ 의 소수 50번째 자리에 올 수는 무엇일까요?

〔해결 과정〕

순환하는 수를 찾아보면 ( )이에요. 순환마디가 ( )개이므로 소수 50번

째 자리에 올 수는 50을 ( )으로 나눈 나머지를 이용해요.

50을 ( )으로 나누면 나머지가 2이므로 소수 50번째 자리에 올 수는

소수 ( )번째 오는 수와 같아요. 답은 ( )이에요.

**힘센
정리**

❶ 순환소수란 소수점 이하의 수들이 일정한 규칙을 가지고 반복되는 무한소수.

❷ 유한소수와 순환소수는 분수로 나타낼 수 있어서 유리수.

❸ 순환하지 않는 무한소수는 분수로 나타낼 수 없어서 무리수.

원주율 파이

원주율의 의미를 알고
이를 이용해 원주와 원의 넓이를 구할 수 있어요.

교과연계 ∞ **초등** 원의 넓이 ∞ **중등** 원과 부채꼴

한 줄 정리

원주율은 원의 지름에 대한 원의 둘레(원주)의 비를 의미해요.

예시

$\pi = 3.141592 \cdots$

설명 더하기

원은 크기와 상관없이 원의 지름에 대한 둘레의 비가 일정해요. 이 비를 '원주율'이라 합니다. **원주율은 3.141592 ⋯ 로 비순환소수인 무한소수예요.** 초등수학에서는 원의 넓이를 구하는 문제마다 원주율을 다르게 계산하는데 이상하지 않았나요? 원주율은 그 규칙도 정확히 알 수 없고, 끝도 어디까지인지 알 수 없으므로 때로는 3으로 계산하기도 하고 3.1이나 3.14로 계산하기도 했었어요. 그러니 초등학교에서 원주율을 3이나 3.1로 보고 구한 원의 넓이나 원의 둘레의 길이는 모두 정확하지 않은 근삿값이지요.

중등수학에서는 원주율을 'π(파이)'로 나타내요. 원주율이 무리수이기 때문이지요. 초등수학에서 배우는 무리수 중에서 대표적인 것이 바로 원주율이랍니다.

근삿값 🔍

: 정확한 값(참값)에 가까운 값.

문해력 UP!

원 圓 동그라미, 둥글다
주 周 둘레 → 원의 지름에 대한 둘레 비율
율 率 비, 비율

원의 둘레(원주)를 구하라

원의 둘레의 길이는 간단히 '원주'라고 하는데요. 원주
는 다음과 같이 구해요.

$$원주(원의 둘레)=지름 \times 원주율(\pi)$$

공식 쏙쏙
원주(원의 둘레)
＝지름 × 원주율(π)

그럼 지름이 10센티미터인 원의 둘레의 길이를 구해
볼까요? 원주율을 3.1로 해서 계산해 보면 $10 \times 3.1 = 31$센티미터입니다.

원의 넓이를 구하라

원의 넓이는 원을 조각으로 나눈 뒤에 이 조각들을 이어 붙이는 방법으로 구해요.
이는 고등수학에서 배우는 미분과 적분의 원리와 같아요.

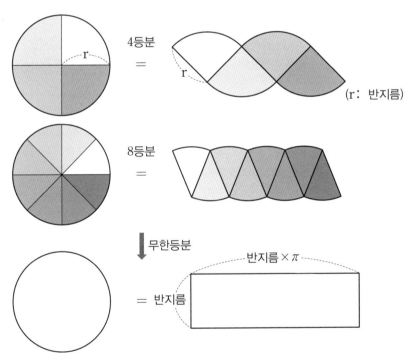

위의 그림에서 보듯이 원을 매우 많은 조각으로 잘라서 다시 붙이면 거의 직사각형 모
양이 됩니다. 직사각형의 넓이를 구하는 방법은 가로 길이와 세로 길이의 곱, 다시 말
해 '직사각형의 넓이＝가로 × 세로'죠. 따라서 원의 넓이는 다음과 같이 구할 수 있습
니다.

공식 쏙쏙
원의 넓이
＝반지름 × 반지름
× 원주율(π)

$$원의 넓이＝반지름 \times 반지름 \times 원주율(\pi)$$

그럼 지름이 10센티미터인 원의 넓이를 구해 볼까요? 반지름의 길이가 5센티미터이므로 $5 \times 5 \times \pi = 25 \times \pi$제곱센티미터예요.

참고 원의 넓이＝반지름×반지름×원주율(π)는 '반반파이'로 암기하면 쉬워요!

원주율을 구하는 방법

계산기나 컴퓨터가 없던 시절에 사람들은 규칙이 없는 무한소수를 어떤 방법으로 구했을까요?

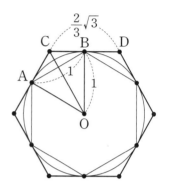

① 먼 옛날 A라는 사람이 '원의 둘레는 원에 내접(다각형의 모든 변 또는 면에 닿는 것)하는 정다각형 둘레보다 길다'는 원리를 이용해 원에 내접하는 정다각형을 작도했어요. 점점 큰 정다각형을 원 안에 작도했죠. 그러다가 가장 큰 정구십육각형을 작도하여 원에 내접시키면서 원주율의 근삿값을 구할 수 있었어요. 이로써 원주율은 약 3.14라는 계산을 할 수 있었다고 해요. A가 누구냐고요? 고대 그리스의 전설적인 수학자 아르키메데스랍니다. 우리에게는 원주율보다 목욕탕에서 '유레카'를 외친 이야기로 더욱 유명한 사람이죠.

② 고대 이집트에서는 원 모양의 바퀴를 굴려 그 회전수로 파이(π)의 값을 측정했었다고 해요. 예를 들어 지름이 1미터인 원의 둘레 길이는 그대로 원주율이 되겠지요. 그러니 이 지름이 1미터인 원 모양 바퀴를 한 바퀴 굴리면 그 길이가 π 값이 되는 거예요.

그렇다면 우리가 사용하는 원주율 기호 π는 누가, 언제 만들었을까요? 이 기호는 18세기 스위스의 수학자 오일러가 만들었다고 해요. 오랜 시간 원주율은 그 값을 정확히 알기가 힘들었기에 신비의 수로 여겨졌었죠. 그래서 오일러는 '둘레'를 뜻하는 그리스어(periphery)의 머리글자를 이용해 π 기호를 처음 사용했습니다.

아직까지도 원주율의 규칙이나 그 수의 끝을 알 수 없기에 수학자들은 π에 대한 연구를 계속하고 있어요. 여러분 중에 필즈상을 받고 싶은 사람이 있다면 π를 연구해 보는 건 어떨까요?

1 다음 두 그림에서 원주÷지름의 값을 비교하여 <, =, > 중에 쓰세요.

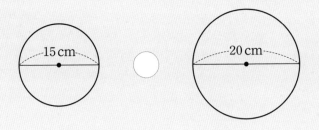

(풀이)
원주÷지름을 (   )이라고 하며 그 비는 (   )합니다.

2 지름이 20 cm인 원을 5바퀴 굴렸을 때 굴러간 거리를 구하세요(원주율 π로 계산하세요).

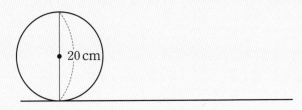

(풀이)
지름이 20 cm인 원을 1바퀴 굴리면 굴러간 거리는 (   )와 같아서 (   ) cm예요.
따라서 5바퀴 굴러간 거리는 (   ) cm입니다.

힘센 정리

❶ 원주율은 원의 지름에 대한 원의 둘레(원주)의 비.

❷ 원주＝지름×원주율(π)

❸ 원의 넓이＝반지름×반지름×원주율(π)

Chapter 3
약수와 배수의 세계

초등수학에서 가장 **중요**한
단원을 꼽으라면 **약수**와 **배수**!
약수와 배수를 이해해야
약분과 **통분**을 할 수 있어요.

01

약수

오늘 나는

> 나눗셈과 곱셈의 원리를 이용해서
> 약수의 의미를 알고 약수를 구할 수 있어요.

교과연계 ∞ **초등** 약수와 배수 ∞ **중등** 소수와 합성수

정수 184쪽
－1, 0, 1처럼 양의 정수와 음의 정수, 그리고 0을 통틀어 말하는 수.

한 줄 정리

약수란 어떤 **정수**를 나누어떨어지게 하는 **0**이 아닌 정수를 뜻합니다.

참고 초등과정에서는 약수와 배수를 자연수의 범위까지만 생각하고, 중등과정에서는 정수까지 확장해서 배워요.

예시

4의 약수는 1, 2, 4입니다.

설명 더하기

예를 들어서 6은 1로 나누어떨어지고, 2로도 나누어떨어지며, 3으로도 나누어떨어집니다. 그러나 4로 나누면 2가 남고요, 5로 나누면 1이 남습니다. 이렇게 나누어떨어지지 않는 4와 5는 6의 약수가 아니에요. 다시 말해서 6의 약수는 6을 나머지 없이 나누어떨어지게 하는 수인 1, 2, 3, 6입니다. 약수는 직접 나누어 구해도 되고, 곱셈식을 이용해서 구할 수도 있어요.

문해력 UP!

약 約 나눗셈하다
수 數 세다, 숫자

➔ 나누어떨어지게 하는 수

약수를 구하는 두 가지 방법

① 직접 나누어 그 수의 약수를 구할 수 있어요. 이 방법으로 12의 약수는 다음과 같이 구할 수 있습니다.

$$12÷①=12 \qquad 12÷7=1.714\cdots$$
$$12÷②=6 \qquad 12÷8=1.5$$
$$12÷③=4 \qquad 12÷9=1.333\cdots$$
$$12÷④=3 \qquad 12÷10=1.2$$
$$12÷5=2.4 \qquad 12÷11=1.090\cdots$$
$$12÷⑥=2 \qquad 12÷⑫=1$$

12의 약수는 1, 2, 3, 4, 6, 12입니다.

② 곱셈식을 이용해서 그 수의 약수를 구할 수 있어요. 이 방법으로 12의 약수는 다음과 같이 구할 수 있습니다.

$$①×⑫=12$$
$$②×⑥=12$$
$$③×④=12$$

12의 약수는 1, 2, 3, 4, 6, 12입니다.

참고 세트로 적기! 곱해서 12가 되는 수를 세트로 차례로 적어요.(인수 개념)
1, 12/ 2, 6/ 3, 4 이런 식으로 적어야 12의 약수를 빠짐없이 구할 수 있어요.

인수   38쪽
어떤 수를 몇 개의 수의 곱으로 나타낼 때 각 구성 요소.

약수의 성질

① 1은 모든 수를 나누어떨어지게 하므로 **1은 모든 수의 약수**입니다.
② 어떤 수의 약수 중 가장 큰 수는 자기 자신입니다.(**A의 가장 큰 약수는 A 자신**)
③ 약수에는 **1과 자기 자신이 항상 포함**됩니다.
④ 수가 크다고 약수의 개수가 항상 많은 것은 아닙니다.
예를 들어 4의 약수는 1, 2, 4 이렇게 3개이고요. 5의 약수는 1, 5 이렇게 2개예요. 4보다 5가 큰 수라고 해서 약수가 항상 많은 것은 아니에요.

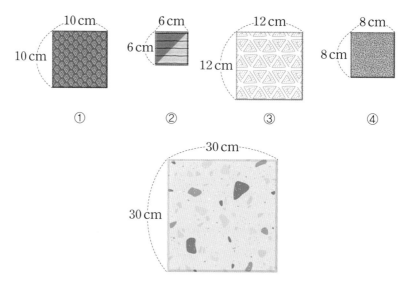

① ② ③ ④

지민이는 가로세로 30센티미터인 벽에 예쁜 정사각형 타일들을 남는 부분 없이 딱맞게 붙이려고 해요. 이때 선택할 수 있는 타일 종류는 ①번부터 ④번까지 네 종류라고 해요. 이 중에서 남는 부분 없이 붙이기 위해서는 30의 약수인 수를 한 변의 길이로 하는 정사각형 모양의 타일을 선택해야 해요.

30의 약수 ➡ 1, 2 ,3 ,5 ,6, 10, 15, 30

따라서 지민이가 선택할 수 있는 타일은 한 변의 길이가 10센티미터인 ①번 타일과 6센티미터인 ②번 타일이에요. 이렇듯 약수는 큰 수를 나누어떨어지도록 할 때 필요한 수예요.

여기서 깜짝 퀴즈!

Q1 지민이가 ①번 타일을 선택한다면 타일이 몇 장 필요할까요?

Q2 지민이가 ②번 타일을 선택한다면 타일이 몇 장 필요할까요?

Q3 가로세로 10센티미터인 색종이를 벽이라고 생각하고, 다른 정사각형 색종이를 오려서 타일이라고 생각해서 빈틈없이 붙이는 활동을 해보세요. 몇 종류의 정사각형 타일을 붙일 수 있을까요?

깜짝 퀴즈의 정답은?

A1 가로 3장, 세로 3장이 필요하므로 총 9장이 필요해요.

A2 가로 5장, 세로 5장이 필요하므로 총 25장이 필요해요.

A3 10의 약수는 1, 2, 5, 10이므로 4종류의 정사각형 타일을 붙일 수 있어요.

1 다음 물음에 답하세요.

(1) 72의 약수 중에서 홀수의 개수는 몇 개일까요?

─ 해결 과정 ─

72의 약수는 ( )이며,

이 중에 홀수는 ( )로 총 ( )개입니다.

(2) 약수의 개수가 3개인 수 중에서 가장 작은 수는 무엇일까요?

─ 해결 과정 ─

1의 약수를 구하면 ( )이고 ( )개예요.

2의 약수를 구하면 ( )이고, ( )개예요.

3의 약수를 구하면 ( )이고, ( )개예요.

4의 약수를 구하면 ( )이고, ( )개예요.

따라서 약수의 개수가 3개인 수 중에서 가장 작은 수는 ( )예요.

참고 약수의 개수가 3개인 수는 소수의 제곱수입니다. 소수에 대해 공부한다면 더 이해하기 쉽습니다.

소수   34쪽
1보다 큰 자연수 중 1과 자기 자신만으로 나누어 떨어지는 수.

2 어떤 두 자연수의 곱이 80인 수 중에서 두 수의 합이 가장 작은 두 수를 구하세요.

─ 해결 과정 ─

두 수의 곱이 80인 두 수는 ( )의 약수예요. 곱해서 80이 되는 두 수를 찾으면

(,), (,), (,), (,), (,)이며, 그중에서

합이 가장 작은 두 수는 (,)입니다.

힘센 정리

❶ 약수는 어떤 수를 나누어떨어지게 하는 수.
❷ 약수에는 1과 자신이 항상 포함되며, 1은 모든 수의 약수.
❸ 자기 자신은 약수 중에서 가장 큰 수.
❹ 1은 모든 수의 약수 중에서 가장 작은 수.

02
공약수

공약수의 의미를 알고
두 개 이상의 수들의 공약수를 구할 수 있어요.

교과연계 ∽ **초등** 약수와 배수 ∽ **중등** 최대공약수와 최소공배수

다항식 🔍

: 수와 문자의 곱으로 이루어진 식을 단항식이라고 하는데, 이러한 항을 여러 개 더한 것을 다항식이라고 해요.

[한 줄 정리]

공약수는 두 개 이상의 수, 또는 다항식에 **공통인 약수**를 말해요.

[예시]

6의 약수: ①, ②, 3, 6
8의 약수: ①, ②, 4, 8
6과 8의 공약수: 1, 2

[설명 더하기]

주어진 두 개 이상의 수에 대하여 이 수들의 공통인 약수가 되는 수를 공약수라고 합니다. 다시 말해 두 개 **이상의 수를 모두 나누어떨어지게 하는 수**가 그 수들의 공약수입니다. 예를 들어서 12의 약수는 1, 2, 3, 4, 6, 12입니다. 18의 약수는 1, 2, 3, 6, 9, 18입니다. 여기서 12와 18의 공통인 약수, 즉 공약수는 1, 2, 3, 6이에요. 12와 18의 공약수는 두 수를 공통으로 나누어떨어지게 하는 수랍니다.

문해력 UP!

공 公　함께, 똑같이, 공통
약 約　나눗셈하다　　　　→ 함께 나누어떨어지게 하는 수
수 數　세다, 숫자

0이 아닌 수와 어떤 수의 공약수?

두 수의 공약수 중에서 가장 작은 수는 1이에요. 대부분의 약수는 1, 2, 3처럼 셀 수 있는 자연수 범위 안에서만 생각한답니다. 그런데 만약 0까지 포함하면 어떻게 될까요?

모든 수를 0배 하면 0이에요. 따라서 0이 아닌 모든 수는 0의 약수가 되지요(어떤 사람은 0도 0의 약수라고 해요). 그래서 0이 아닌 수와 어떤 수의 공약수는 그냥 '그 어떤 수의 약수'와 같은 말이에요. 0의 약수는 0, 1, 2, 3, 4 … 로 무한개가 되겠네요.

자연수　　　　14쪽
1, 2, 3처럼 사물의 개수를 셀 때 쓰는 수.

공약수를 구하는 두 가지 방법

① 직접 약수를 찾아서 공통인 약수를 구할 수 있어요. 이 방법으로 24와 18의 공약수는 다음과 같이 구할 수 있습니다.

$$24의 약수는 ①, ②, ③, 4, ⑥, 8, 12, 24$$
$$18의 약수는 ①, ②, ③, ⑥, 9, 18$$

24와 18의 공통인 약수, 즉 공약수는 1, 2, 3, 6입니다.

옆에 있는 그림을 이용해서 두 수의 공약수를 구하면 쉽게 이해할 수 있어요. 이것을 벤다이어그램이라고 해요.

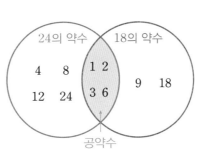

벤다이어그램
: 그림을 이용해 수의 포함관계를 나타낸 것. 벤이라는 수학자가 생각해 냈어요.

② 공통으로 나누어떨어지는 수를 이용하여 공통인 약수를 구할 수 있어요. 이 방법으로 24와 18의 공약수는 다음과 같이 구할 수 있습니다.

```
1 ) 24   18          6 ) 24   18
2 ) 24   18               4    3
3 ) 12    9
      4    3
```

24와 18을 공통으로 나누어떨어지도록 하는 수는 1, 2, 3, 6입니다. 이 방법은 다음 장에서 최대공약수를 배울 때 더욱 자세히 알아봐요.

울타리에 말뚝을 박는 법

공원에 가면 꽃밭이나 잔디를 보호하기 위해서 울타리를 친 것을 볼 수 있습니다. 이때 울타리를 이루고 있는 말뚝은 일정한 간격으로 박혀 있어요. 예를 들어서 가로세로가 각각 24미터, 36미터인 직사각형 모양의 꽃밭에 말뚝을 박는다면, 어떤 간격으로 말뚝을 박을 수 있을까요?

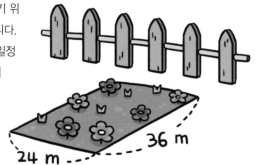

이를 계산하려면 24의 약수를 구하고 동시에 36의 약수를 구해서, 이 둘의 공약수를 알아야 합니다. 그래야 꽃밭의 가로와 세로 모두에 일정한 간격으로 말뚝을 박을 수 있으니까요.

24의 약수: ①②③④⑥ 8, ⑫ 24
36의 약수: ①②③④⑥ 9, ⑫ 18, 36
24와 26의 공약수: 1, 2, 3, 4, 6, 12

따라서 이 꽃밭의 울타리를 같은 간격으로 만들려면 1, 2, 3, 4, 6, 12미터의 간격으로 말뚝을 박으면 되겠죠?

평소에 길을 걷다 보면 가로등이나 가로수를 볼 수 있는데요. 안전과 아름다움을 위해 이들을 설치할 때도 공약수를 이용한답니다.

백쌤의 한마디

"중학교 때 수학 시험을 잘 보려면 어떻게 해야 해요?"

초등수학이 연산 위주였다면 중등수학부터는 개념 위주가 됩니다. 지금까지 우리가 알던 수가 자연수나 0, 아니면 분수나 소수까지였다면 이런 수들을 분류하게 되고, 양수와 음수의 개념을 배우게 되지요. 수의 체계가 확장되는 거예요. 그리고 수뿐만 아니라 문자를 사용하여 나타낸 식을 배우게 되는데, 문자끼리 더하거나 빼거나 곱하거나 나누기도 해요.

따라서 확장되는 수의 체계와 새로 배우는 개념들에 대한 확실한 학습이 필요합니다. 그렇다고 너무 긴장할 필요는 없어요. 중학교에서 수학 시험을 잘 보는 방법을 미리 알고 있으면 대비할 수 있겠죠? 수학 시험을 잘 보는 방법은 아래와 같아요.

1. 수업 시간에 집중하고 선생님이 중요하다고 알려 주는 부분 잘 표시해 놓기.
2. 교과서 문제들을 구석구석 꼼꼼하게 풀어 보기.
3. 자신의 중학교에서 나온 작년도 기출 문제 풀어 보기.

이렇게 세 가지를 잊지 마세요. 그럼 좋은 성적을 거둘 거예요.

1 다음 두 수의 공약수를 구하세요.

⑴ 63, 27

⑵ 20, 30

2 사탕과 초콜릿이 12개, 16개가 있다면 2명의 학생에게 각각 (   )개, (   )개씩 나누어 줄 수 있고, 4명의 학생에게는 각각 (   )개, (   )개씩 나누어 줄 수 있습니다. 사탕과 초콜릿을 남김없이 나누어 줄 수 있는 학생 수는 12와 16의 (   )인 (   )명, (   )명, (   )명이에요.

힘센
정리

❶ 공약수란 두 개 이상의 수를 공통으로 나누어떨어지게 하는 수.

❷ 1은 모든 수의 공약수.

03

최대공약수

 오늘 나는

두 수 이상의 최대공약수를 구하고
최대공약수의 성질을 알 수 있어요.

교과연계 ∞ **초등** 약수와 배수 ∞ **중등** 최대공약수와 최소공배수

공약수 118쪽
두 개 이상의 수를 공통
으로 나누어떨어지게 하
는 수.

한 줄 정리

최대공약수는 **공약수** 중에서 가장 큰 수를 말해요.

예시

6의 약수: ①②, 3, 6
8의 약수: ①②, 4, 8
6과 8의 공약수: 1, 2
6과 8의 최대공약수: 2

설명 더하기

두 개 이상의 수들의 공약수 중에서 가장 큰 공약수를 그 수들의 최대공약수라고 해요. 예를 들
어서 12와 18의 공약수는 1, 2, 3, 6이에요. 이 중에 가장 작은 수는 1이고, 가장 큰 수는 6이
에요. 모든 수의 '최소공약수'는 1이므로 의미가 없어요. 그런데 최대공약수는 모두 같은 것은
아니에요. 그래서 최대공약수를 구하는 것이 의미가 있어요. 12와 18의 최대공약수는 6이에요.

 문해력 UP!

최 最 가장
대 大 크다
공약수

→ 공약수 중에서 가장 큰 수

두 수의 최대공약수를 구하는 방법

① 여러 수의 곱으로 나타낸 곱셈식을 이용해 두 수의 최대공약수를 구할 수 있어요. 이 방법으로 24와 18의 최대공약수를 구해 볼까요? 24와 18을 곱셈식으로 나타내면 다음과 같아요.

$$24 = 2 \times 2 \times \boxed{2 \times 3}, \qquad 18 = \boxed{2 \times 3} \times 3$$
$$\qquad\qquad\quad 6 \qquad\qquad\qquad\quad 6$$

여기서 공통으로 곱해진 가장 큰 수인 6이 최대공약수예요.

② 두 수의 공약수를 이용해 최대공약수를 구할 수 있어요. 이 방법으로 24와 18의 최대공약수를 구해 볼까요? 24와 18의 공통으로 나누어떨어지는 수를 찾아야 합니다.

24, 18의 공약수 → 3) 24 18
8, 6의 공약수 → 2) 8   6
　　　　　　　　　　 4   3

24와 18의 최대공약수는 $3 \times 2 = 6$이에요.
위와 같이 직접 나누는 방법이 편리해요.

두 수의 공약수는 최대공약수의 약수

24의 약수는 1, 2, 3, 4, 6, 8, 12, 24
18의 약수는 1, 2, 3, 6, 9, 18

두 수의 공약수는 1, 2, 3, 6
최대공약수는 6
6의 약수는 1, 2, 3, 6

위에서 보는 것처럼 **두 수의 공약수는 최대공약수의 약수**예요. 이 성질을 이용해서 최대공약수의 약수로 두 수 이상의 공약수를 구할 수 있어요.

세 개 이상의 수의 최대공약수를 구하는 방법

세 개 이상의 수가 있을 때, 이 수들의 최대공약수는 **세 수를 공통으로 나누어떨어지게 하는 수**를 찾으면 됩니다. 예로 6, 15, 21의 최대공약수를 구해 볼까요?

2는 6을 나누어떨어지게 하지만 15와 21은 나누어떨어지게 하지 않아요. 다음으로 3은 6, 15, 21 **모두를 나누어떨어지게 해요.** 그럼 세 수를 $3 \times \bigcirc$ 꼴로 나타낼 수 있어요.

$$6 = ③ \times 2$$
$$15 = ③ \times 5$$
$$21 = ③ \times 7$$

다시 말해 세 수 6, 15, 21의 최대공약수는 3이에요.

최대공약수 3 ← ③ $)\overline{\begin{array}{ccc} 6 & 15 & 21 \end{array}}$
        2   5   7

사고력 UP **최대공약수를 이용한 실험으로 노벨상을?**

과학자 중에서 최대공약수를 이용해 노벨상을 받은 사람이 있어요. 놀랍죠? 그는 바로 로버트 밀리컨이에요. 밀리컨은 가장 작은 전하량인 기본 전하량 e의 크기를 구하는 실험을 했어요. 그리고 그때 실시한 기름방울 실험에서 최대공약수를 활용했죠. 기름을 떨어뜨리면 중력에 따라서 땅으로 떨어지는데요. 밀리컨은 두 금속의 전극 사이에 정지되어 있는 기름방울에 작용하는 힘과 중력의 균형을 측정했다고 합니다. 말로만 들어도 무척 어려운 실험인 듯하죠?

그러다 보니 연거푸 실패하게 되었고, 수백 번의 실험 끝에 드디어 기름방울에 있는 전하량의 크기들을 구했다고 해요. 실험에서 얻은 전하량들의 최대공약수를 통해서 기본 전하량 e를 구한 것이죠. 이를 통해 밀리컨은 노벨물리학상을 받았어요.

이처럼 과학자들은 과학의 원리를 설명하기 위해 '수학의 식'을 자주 이용한답니다. 과학을 이해하려면 수학은 꼭 필요한 것이지요.

1 36과 48의 공약수를 구하기 위해 다음 과정의 답을 구하세요.

36의 약수:

48의 약수:

36과 48의 공약수:

36과 48의 최대공약수:

36과 48의 최대공약수의 약수:

2 사과 54개와 배 45개를 최대한 많은 학생에게 남김없이 똑같이 나누어 주려고 합니다.
학생 1명이 사과와 배를 각각 몇 개씩 받을 수 있을까요?

**힘센
정리**

❶ 최대공약수는 공약수 중에서 가장 큰 수.

❷ 최대공약수는 직접 나누어 구하는 방법이 편리!

❸ 최대공약수의 약수는 두 수의 공약수.

04

약분

오늘
나는

분수에서 약분의 뜻을 알고
약분을 통해 분수와 비의 성질을 이해할 수 있어요.

교과연계   ∞ **초등** 약분과 통분   ∞ **중등** 정수와 유리수

한 줄 정리

약분이란 어떤 분수의 분모와 분자를 1을 제외한 공약수로 나누는 것입니다.

예시

$\frac{6}{9}$의 분모와 분자는 모두 3의 배수예요. 3으로 분모, 분자를 나누어도 그 비가 같아요.

$$\frac{6}{9} = \frac{6 \div 3}{9 \div 3} = \frac{2}{3} \rightarrow 간단히 \frac{\overset{2}{6}}{\underset{3}{9}} = \frac{2}{3}$$

설명 더하기

약분을 하면 분수의 값을 바꾸지 않으면서 분수를 단순하게 만들 수 있어요. 이렇게 만들어진
분수를 더 이상 나누어지지 않는 **기약분수**라고 해요. 약분을 이용해서 기약분수로 나타낼 때,
분수를 분모와 분자의 **최대공약수**로 약분하면 좀 더 편리하게 한 번에 약분할 수 있어요. 그러
나 꼭 최대공약수가 아니라 분모와 분자의 공약수들로 여러 번 나누어 약분해도 됩니다.

기약분수   68쪽
더 이상 약분이 되지 않
는 분수. 분모와 분자의
공약수가 1뿐이다.

최대공약수   122쪽
공약수 중에서 가장 큰
수.

문해력 UP!

약 約   묶다. 나눗셈하다

분 分   나누다   ➜ (공약수로) 나누다

약분하는 두 가지 방법

$\frac{12}{30}$ 를 약분해 볼까요? 두 가지 방법을 이용할 수 있어요.

① 분모와 분자의 **공약수를 이용**해 약분할 수 있어요. 이 방법으로 $\frac{12}{30}$ 를 다음과 같이 약분할 수 있습니다.

$$\frac{12}{30} = \frac{12 \div ②}{30 \div ②} = \frac{6}{15} = \frac{6 \div ③}{15 \div ③} = \frac{2}{5}$$

공약수   공약수

기약분수 아님   기약분수

② 분모와 분자의 **최대공약수를 이용**해 약분할 수 있어요. 이 방법으로 $\frac{12}{30}$ 를 다음과 같이 약분할 수 있습니다.

$$\frac{12}{30} = \frac{12 \div ⑥}{30 \div ⑥} = \frac{2}{5}$$

최대공약수

기약분수

분수의 두 가지 성질

① 분모와 분자에 0이 아닌 같은 수를 곱하여도 그 비의 값은 같아요.

$$\frac{3}{5} = \frac{3 \times ②}{5 \times ②} = \frac{6}{10}$$

이때 $\frac{3}{5} = \frac{6}{10}$ 을 동치분수라고 해요.

② 분모와 분자를 0이 아닌 같은 수로 나누어도 그 비의 값은 같아요.

$$\frac{6}{10} = \frac{6 \div ②}{10 \div ②} = \frac{3}{5}$$

이때 $\frac{6}{10}$ 을 약분하여 기약분수 $\frac{3}{5}$ 으로 나타내었다고 해요.

> **동치분수**
> : 분모도 분자도 다르지만 값은 같은 분수. '동同'은 같다는 뜻이고, '치値'는 값을 의미합니다.

피자 반 판은 몇 조각?

피자 한 판은 8조각이에요. 2명이 똑같이 나누어 먹으면 1명이 4조각을 먹을 수 있어요. 1명이 먹은 피자 조각을 전체 조각에 대한 비로 나타내면 어떻게 될까요?

분수로 나타내면 $\frac{4}{8}$이에요. 그런데 이 분수는 분모와 분자가 모두 4의 배수예요.

그래서 약분하면 $\frac{1}{2}$이 되죠.

이를 통해 1명이 피자 8조각 중에 4조각을 먹었

다는 것은 결국 반$\left(\frac{1}{2}\right)$ 판을 먹었다는 것과 똑

같은 의미라는 것을 알 수 있어요. 이렇게 생활

속에서 분수를 이해할 때는 간단한 약분을 이용

해 분수를 표현하면 이해하기가 더욱 쉬워요.

$\frac{1}{8}$조각

 백쌤의 한마디

"5학년이 되면서 수학이 어려워요.
어떻게 하면 수학을 잘할 수 있을까요?"

초등학교 고학년이 되면 수학을 어려워하는 학생이 늘어나요. 그 이유 중에 첫 번째가 바로 '약수와 배수'의 개념을 배우기 시작하면서부터예요. 약수와 배수를 배우면서 공약수, 공배수, 최대공약수, 최소공배수 이러한 어려운 말들이 등장하게 되거든요. 이 용어들의 뜻을 정확히 모르면서 문제만 풀려고 하다 보니 최대공약수를 이용해야 하는 건지, 최소공배수를 이용해야 하는 건지 구별하지 못하는 학생들이 생기죠. 그리고 분수의 곱셈과 나눗셈을 하면서부터는 연산도 복잡해지니 점점 수학을 어렵다고 느끼게 되는 것 같아요.

이럴 때일수록 가장 중요한 것은 용어에 대한 정확한 뜻을 아는 거예요. '안다'는 것과 '안다고 착각'하는 것은 달라요. 그냥 설명을 들으면 안다고 착각을 하게 돼요. 진짜 안다면 다른 사람에게 말로 설명할 수 있어야 해요. 그러니 수학을 잘하고 싶다면 계속해서 말로 설명해 보세요. 정확히 알지 못하면 설명도 할 수 없거든요.
자, 그럼 약수는 무엇이죠? 설명해 보세요! 이것이 수학을 잘하는 첫걸음이에요.
말할 수 있어야 수학이다.

1 $\dfrac{24}{42}$ 를 약분할 때 1을 제외하고 분모와 분자를 나눌 수 있는 수를 모두 쓰세요.

2 다음 카드에 있는 수를 분모와 분자에 한 장씩 놓아 $\dfrac{1}{3}$ 과 크기가 같은 분수를 만드세요.

3 다음 중에서 $\dfrac{24}{36}$ 를 약분한 분수가 아닌 것을 찾으세요.

① $\dfrac{12}{18}$ ② $\dfrac{8}{12}$ ③ $\dfrac{6}{12}$ ④ $\dfrac{6}{9}$ ⑤ $\dfrac{2}{3}$

힘센 정리

❶ 약분은 분수의 분모와 분자를 공약수로 나누어 간단히 만드는 것!

❷ 분모와 분자의 최대공약수를 이용하면 약분이 빠르다.

❸ 약분을 통해 얻은 분수들은 크기가 같은 동치분수다.

05

역수

역수의 정의를 알고, 역수와 약분을 이용해
분수의 나눗셈을 간단히 계산하는 방법을 알 수 있어요.

교과연계 ∞ **초등** 분수의 나눗셈 ∞ **중등** 정수와 유리수

한 줄 정리

역수는 어떤 수가 0이 아닌 수일 때, 그 어떤 수와 곱하여 1이 되는 수를 말해요.

예시

2의 역수는 $\dfrac{1}{2}$

$\dfrac{2}{3}$ 의 역수는 $\dfrac{3}{2}$

Tip 쏙쏙

역수 관계

설명 더하기

$\dfrac{2}{3}$ 와 $\dfrac{3}{2}$ 는 둘이 곱하면 1이 되므로 $\dfrac{2}{3}$ 의 역수는 $\dfrac{3}{2}$ 이고, $\dfrac{3}{2}$ 의 역수는 $\dfrac{2}{3}$ 이에요. 그러니

$\dfrac{2}{3}$ 와 $\dfrac{3}{2}$ 는 서로 역수 관계예요. 단, 0은 어떤 수를 곱해서 1을 만들 수 없어요. 그래서 0의

역수는 없어요.

문해력 UP!

역 逆 거스르다 거꾸로
수 數 세다, 숫자

→ 거꾸로 된 수

다양한 수의 역수를 구하는 방법

① 자연수의 역수

자연수 1과 곱해서 1이 되는 수는 1이에요. 자연수 2와 곱해서 1이 되는 수는 $\frac{1}{2}$

이에요. 결국 자연수 1, 2, 3, 4의 역수는 각각 1, $\frac{1}{2}$, $\frac{1}{3}$, $\frac{1}{4}$이에요.

② 진분수의 역수

진분수 $\frac{2}{5}$의 역수는 $\frac{5}{2}$이에요. **진분수의 역수는 분모와 분자의 자리를 바꾼 수라**

고 생각하면 편해요. 하지만 역수의 정의가 분모와 분자의 자리를 뒤바꾼 수는 아

니에요!

진분수   72쪽
분자가 분모보다 작은 분
수.

③ 대분수의 역수

대분수는 가분수로 고친 후 역수를 구해요. 대분수인 $3\frac{1}{5}$은 가분수 $\frac{16}{5}$으로 고

칠 수 있으니까 역수는 $\frac{5}{16}$예요.

대분수   76쪽
자연수와 진분수로 이루
어져 있는 수.

④ 소수의 역수

소수는 분수로 고쳐서 역수를 구해요. 소수 1.2를 예를 들어 보면,

$$1.2 = \frac{\cancel{12}^{\,6}}{\cancel{10}_{\,5}} = \frac{6}{5}$$

참고 여기서 소수란 '일의 자리보다 작은 자릿값을 가진 수'를 말해요. (80쪽 참고)
'1과 자신만을 약수로 갖는 수'를 뜻하는 소수와 헷갈리지 마세요!

음수의 역수가 있을까요?

음수의 역수는 역시 음수예요. 음수를 1로 만들기 위해서는 먼저 분모와 분자의 자리

를 바꾸어 수를 구하고, 음의 부호를 붙여 주어야 해요. 예를 들어, -8의 역수는

$(-8) \times \left(-\frac{1}{8} \right) = 1$이므로, $-\frac{1}{8}$이에요.

분수끼리 나눗셈하는 방법

① 나눗셈을 곱셈으로 고쳐요.

② 뒤의 분수를 역수로 고쳐요.

③ 분모는 분모끼리, 분자는 분자끼리 곱해요.

④ 약분이 가능하면 약분을 해서 간단한 기약분수로 나타내요.

기약분수　　68쪽
더 이상 약분이 되지 않는 분수. 분모와 분자의 공약수가 1뿐이다.

$$\left(\text{분수 A}\right) \div \left(\text{분수 B}\right) = \left(\text{분수 A}\right) \times \left(\text{분수 B의 역수}\right)$$

$$\frac{2}{5} \div \frac{6}{7} = \frac{2}{5}^{1} \times \frac{7}{6}_{3} = \frac{7}{15}$$

$\times$ 역수　　← 약분

계속 더해도 1보다 작은 수가 있을까?

$2+4+8+16$ … 이렇게 계속 수를 더하면 그 합은 계속 커진다는 것을 아시죠? 그렇다면 모든 수를 계속 더하면 계속 커지기만 할까요? 이를 알아보기 위해 다음의 경우를 한번 생각해 봐요.

여기에 한 변의 길이가 1인 정사각형이 있습니다. 이 정사각형을 반으로 나누고$\left(\frac{1}{2}\right)$ 또 남은 정사각형을 반으로 나누어$\left(\frac{1}{4}\right)$ 더해 봅니다. 그리고 계속 남은 직사각형을 접으면서 계속 더해 나가요. 이 수들의 합은 계속 더해도 정사각형의 전체 넓이가 1이었기 때문에 그 합이 1보다 작아요. 이런 식으로 계속 더해 나간다면(이를 '급수'라고 해요) 1은 될 수 없지만 거의 1에 가까워지겠죠? 이걸 식으로 보면 다음과 같습니다.

$$\frac{1}{2}+\frac{1}{4}+\frac{1}{8}+\frac{1}{16}+\cdots<1$$

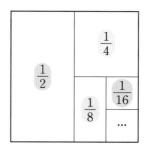

양수

: 0보다 큰 수.

음수

: 0보다 작은 수.

즉, 양수를 계속 더한다고 해서 그 값이 계속 커지는 것은 아니랍니다. 마찬가지로 음수를 계속 더한다고 해서 그 값이 계속 작아지는 것도 아니겠지요? 양수나 음수는 계속 더한다고 모두 무한대로 커지거나 작아지는 것은 아니에요. 어떤 값에 가까이 가는 것을 극한에서 '수렴'이라고 하고 그 가까워지는 값을 '극한값' 또는 '수렴하는 값'이라고 하는데 이는 고등수학에서 배운답니다.

1 다음 수들 중 역수가 가장 큰 수를 구하세요.

$$\frac{1}{2}, \ \frac{1}{3}, \ \frac{5}{7}, \ \frac{1}{9}, \ \frac{5}{9}$$

2 다음 분수의 나눗셈을 계산하여 빈칸에 알맞은 수를 쓰세요.

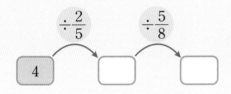

┌ 해결 과정 ┐

① $4 \div \dfrac{2}{5} = 4 \times \dfrac{\bigcirc}{\bigcirc} = \dfrac{\bigcirc}{\bigcirc} = \bigcirc$

② $\bigcirc \div \dfrac{5}{8} = \bigcirc \times \dfrac{8}{5} = \dfrac{\bigcirc}{5} = \bigcirc$

힘센 정리

❶ 역수 관계란 곱하면 1이 되는 두 수의 관계.

❷ 0의 역수는 없다.

❸ 분수의 역수를 구할 때에는 분모와 분자를 바꾼다.

06

배수

오늘
나는

배수의 정의를 배우고 배수의 성질을 이용해서
큰 수가 어떤 수의 배수인지 구할 수 있어요.

교과연계 ∞ **초등** 약수와 배수 ∞ **중등** 최대공약수와 최소공배수

한 줄 정리

배수는 어떤 수를 1배, 2배, 3배 … 곱한 수를 말해요.

예시

2의 배수: 2, 4, 6, 8, 10 …
3의 배수: 3, 6, 9, 12 …

설명 더하기

우리가 외우고 있는 곱셈 구구를 생각하면 배수를 쉽게 알 수 있어요. 3의 배수는 3, 6, 9, 12
… 이에요. 즉 배수는 어떤 수를 1배, 2배, 3배 … 곱한 수를 말해요. 그러다 보니 배수의 개수
는 무한개예요.
또한 약수와 배수는 떼려야 뗄 수 없는 관계랍니다. 6의 약수에는 3이 있고, 3의 배수에는 6이
있어요. 또한 12의 약수에는 3이 있고, 3의 배수에는 12가 있어요. 이렇게 약수와 배수는 늘
같이 있어요.

무한개
: 수의 개수가 셀 수
없을 만큼 있는 것.

약수 114쪽
어떤 정수를 나누어떨어
지게 하는 0이 아닌 정수.

문해력 UP!

배 倍 곱하다
수 數 세다, 숫자

→ 곱하여 나오는 수

배수의 성질

① 1의 배수는 1, 2 ,3 ,4 … 모든 자연수입니다.

② 모든 수는 자신의 배수가 됩니다.

③ 어떤 수의 배수는 무한히 많아요. 즉 개수를 셀 수 없어요

참고 0은 모든 수의 배수가 됩니다. (정수 범위까지 확장했을 때)

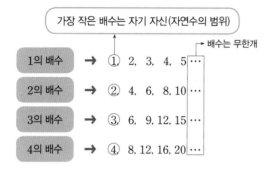

정수   184쪽
―1, 0, 1처럼 양의 정수와 음의 정수, 그리고 0을 통틀어 말하는 수.

한눈에 알아보는 배수 판정법

① 2의 배수 ➡ 끝자리가 0 또는 2의 배수!

　예를 들어 13은 끝자리가 3이므로 2의 배수가 아니고, 10이나 14는 끝자리가 0
　과 4이므로 2의 배수입니다.

② 3의 배수 ➡ 각 자릿수의 합이 3의 배수!

　예를 들어 124는 $1+2+4=7$이므로 3의 배수가 아니고, 123은 $1+2+3=6$
　이므로 3의 배수예요.

③ 4의 배수 ➡ 끝의 두 자리가 00 또는 4의 배수!

　예를 들어 1231의 끝의 두 자리는 31이므로 4의 배수가 아니고, 1232의 끝의 두
　자리는 32이므로 4의 배수입니다.

④ 5의 배수 ➡ 끝자리가 0 또는 5!

　예를 들어 1231은 끝자리가 1이므로 5의 배수가 아니고, 1230은 끝자리가 0이
　므로 5의 배수예요.

⑤ 6의 배수 ➡ 2의 배수이면서 3의 배수!

　예를 들어 246은 끝자리가 6이므로 2의 배수이고, $2+4+6=12$로 각 자리의
　수가 합이 3의 배수이므로 3의 배수예요. 따라서 246은 6의 배수죠.

⑥ 7의 배수 ➔ 네 자리 이상인 $abcd$에서 $(abc - 2 \times d)$ 결과가 7의 배수!

예를 들어 1421에서 $142 - 2 \times 1 = 140$이 됩니다. 140은 7의 배수이므로 1421은 7의 배수입니다.

⑦ 8의 배수 ➔ 끝의 세 자리가 000 또는 8의 배수!

예를 들어 9007은 끝의 세 자리가 007이므로 8의 배수가 아니고, 9008은 끝의 세 자리가 008이므로 8의 배수예요.

⑧ 9의 배수 ➔ 각 자릿수의 합이 9의 배수!

예를 들어 1826은 $1 + 8 + 2 + 6 = 17$이므로 9의 배수가 아니고, 1827은 $1 + 8 + 2 + 7 = 18$이므로 9의 배수랍니다.

사고력 UP 구구단을 외우자(곱셈구구)

> 난 구구단 게임이 제일 싫어.

> 인도는 십구단까지 외운다고!

어릴 때 누구나 열심히 노래를 부르며 외웠던 구구단! 구구단은 사실 2부터 9까지의 배수를 나타내는 표랍니다. 배수의 원리는 덧셈을 바탕으로 해요. $3 \times 4 = 3 + 3 + 3 + 3 = 12$ 이렇게 3과 4의 곱은 "3을 4번 더했다"라는 덧셈에 따른 것이죠. 따라서 구구단을 외우지 않아도 덧셈을 이용하면 배수를 구할 수 있어요. 단지 시간이 조금 더 걸릴 뿐이죠.

우리나라에서는 2×1부터 9×9까지 외우도록 하고 이것을 구구단이라고 해요. 하지만 모든 나라에서 구구단을 외우는 건 아닙니다. 대신에 수학 시간에 계산기를 가지고 다닌다고 해요. 힘들게 외우지 않아도 되니 부럽다고요? 꼭 그럴 일도 아니랍니다. 구구단을 외우는 학생들은 수학 연산이 빠르고 수학적 사고도 훌륭하다고 해요. 그래서인지 우리나라 학생들의 수학 성취도가 세계적으로 높기로 유명하지요.

인도는 구구단이 아니라 십구단을 외우게 해요. 십구단은 2×1부터 무려 19×19까지를 뜻해요. 인도는 우리나라보다도 수학을 잘하는 똑똑한 학생이 많습니다. 역사적으로도 인도는 유명한 수학자가 많았고, 수학적 업적 또한 많이 남겼어요. 수학의 역사에서 처음으로 0을 발견한 나라도 인도라고 하니 참으로 대단하죠?

구구단은 수학 학습을 위한 뇌의 준비운동과 같은 역할을 해요. 뇌를 활성화하고 기초적인 수학 감각을 키우는 데에 구구단 암기만 한 게 없죠. 또한 구구단표를 잘 보면 그 안에서 규칙이나 배수의 특징도 찾아볼 수 있어요. 이를 이용해 배수 판정법도 알려지게 되었답니다. 혹시 지금도 구구단이 헷갈리나요? 구구단 속에 숨어 있는 덧셈의 원리와 규칙을 살펴보세요. 그럼 구구단과 더욱 친해질 겁니다.

1 다음 ( ) 안에 '약수'와 '배수'를 알맞게 쓰세요.

$5 \times 7 = 35$에서 5는 35의 ( )예요. 그리고 35는 5의 ( )예요.

2 다음에서 설명하는 수를 쓰세요.

⑴ 10보다 크고 40보다 작은 3의 배수인 수의 개수

⑵ 다음 수의 배수를 작은 순서대로 3개씩 찾아서 쓰세요.

4의 배수 :

12의 배수:

**힐센
정리**

❶ 배수란 어떤 수를 1배, 2배, 3배 … 곱한 수.

❷ 어떤 수의 배수는 무수히 많다.

❸ 모든 자연수는 1의 배수.

07

공배수

 오늘 나는

공배수의 의미를 알고
두 개 이상의 수들의 공배수를 구할 수 있어요.

교과연계　∞ **초등** 약수와 배수　∞ **중등** 최대공약수와 최소공배수

배수　　　134쪽
어떤 수를 1배, 2배, 3배,
… 곱한 수.

한 줄 정리

공배수란 두 개 이상의 수들의 배수에서 **공통인 배수**를 뜻해요.

예시

4의 배수: 4, 8, ⑫, 16, 20, ㉔ …
6의 배수: 6, ⑫, 18, ㉔, 30 …
4과 6의 공배수: 12, 24 …

설명 더하기

두 개 이상의 수들의 배수에서 공통인 배수를 공배수라고 해요. 공배수는 직접 배수를 구하여
공통인 배수를 찾는 방법이 있고, 공통으로 나누어떨어지도록 하는 수, 즉 공약수를 이용해서
공배수를 찾는 방법도 있어요. 배수의 개수는 셀 수 없이 많다고 했어요. 따라서 공배수도 그
개수가 무한개랍니다.

 문해력 UP!

공 公　함께, 똑같이, 공평하다
배 倍　곱하다
수 數　세다, 숫자

➔ 똑같이(공통) 들어 있는 배수

정수의 배수를 구하라

초등학교 때에는 자연수만 다루기 때문에 2의 배수는 2, 4, 6, 8 … 곱셈구구에 나와 있는 수들만 생각하지만 중학교에 올라가면 정수까지 수 체계가 확장되어 배수의 정의가 달라지게 돼요(하지만 교과서에서는 다루지 않고 있어서 혼동하는 학생이 많아요).

2의 배수의 정의는 '2 × 정수'예요. 정수는 양의 정수, 0, 음의 정수가 있어요.

따라서 2의 배수는 … −6, −4, −2, 0, 2, 4, 6 … 가 되지요.

3의 배수 역시 정의가 '3 × 정수'예요.

따라서 3의 배수는 … −9, −6, −3, 0, 3, 6, 9 … 가 돼요.

0이 모든 수의 배수가 되는 이유가 바로 이러한 배수의 정의 때문이에요.

공배수를 구하는 두 가지 방법

① 각각의 배수를 찾아서 공통인 배수를 구할 수 있어요.

이 방법으로 12와 18의 공배수를 구해 볼까요? 먼저 각각의 배수를 구합니다.

$$12의 \ 배수: 12, 24, 36, 48, 60, 72, 84 \cdots$$
$$18의 \ 배수: 18, 36, 54, 72 \cdots$$

여기서 공통으로 들어가는 배수는 36, 72 … 가 있네요. 그러니까 12와 18의 공배수는 36, 72 … 이에요.

② 공통으로 나누어떨어지는 수(공약수)를 이용하여 공통인 배수를 구할 수 있어요.

이 방법으로 12와 18의 공약수를 구해 볼까요?

$$12의 \ 약수: 1, 2, 3, 4, 6, 12$$
$$18의 \ 약수: 1, 2, 3, 6, 9, 18$$

12와 18을 공통으로 나누어떨어지게 하는 수, 즉 공약수는 1, 2, 3, 6이네요. 12와 18을 공약수인 6으로 나누면 2와 3이 나옵니다.

$$6 \underline{)\ 12 \quad 18}$$
$$\qquad 2 \quad 3$$

$$6 \times 2 \times 3 = 36$$

따라서 12와 18의 공배수는 36의 배수 36, 72 … 이에요.

배수와 공배수를 이용한 버스 예약

			배차 시간표			
노선	출발지	도착지	배차 간격	첫차	막차	시간표
A	서울터미널	인천터미널	20분	06:00	22:00	자세히 보기
B	서울터미널	경주터미널	30분	06:00	21:30	자세히 보기

버스터미널이나 지하철역에 가면 위와 같은 배차 시간표라는 걸 볼 수 있어요. 터미널이나 역에서 버스나 지하철이 얼마나 자주, 몇 시에 출발하거나 도착하는지 알려 주는 표예요. 대중교통은 이렇듯 정해진 시간 간격을 기준으로 시간표를 짜서 움직인답니다. 그래야 사람들이 편리하고 안전하게 이용할 수 있으니까요.

자 그럼, 서울에서 인천으로 가는 A노선 버스와 서울에서 경주로 가는 B노선 버스가 있다고 생각해 봐요. 위의 배차 시간표를 보면 A노선 버스가 20분마다, B노선 버스가 30분마다 출발해요. 이 말은 A노선의 배차 간격은 20분, 40분, 60분 이렇게 20의 배수라는 말이에요. B노선은 30분, 60분, 90분 이렇게 30의 배수가 되고요. 만약 1시 20분에 눈앞에서 A노선 버스를 놓쳤다면 20분 간격으로 배차가 이루어지니 다음 A노선 버스는 1시 40분에 출발합니다. 이렇게 배수를 이용하면 노선별 버스 시간을 알 수 있고, 예약도 빠르게 할 수 있어요.

그렇다면 공배수를 이용해서는 무엇을 알 수 있을까요?

A노선 배차 간격: 20분

→ A노선과 B노선의 버스 출발 시간이 겹치는 시간은?

B노선 배차 간격: 30분

서울에서 인천으로 가는 A노선 버스와 서울에서 경주로 가는 B노선 버스의 공배수는 20과 30의 공배수이므로 60, 120, 180 … 이에요. 이 공배수는 60분, 120분, 180분 … 뒤에 두 버스가 동시에 출발한다는 것을 의미해요.

이것이 바로 20과 30의 공배수를 이용한 생활 속 꿀팁이지요! 버스 배차 간격 말고도 배수와 공배수를 이용할 수 있는 일은 아주 많답니다. 연필 한 타가 12자루니까 두 타는 24자루이고요. 오징어 다리가 10개니까 오징어 세 마리의 다리는 모두 30개이죠. 모두 배수의 개념을 사용한 것들입니다.

1 다음 두 수의 공배수를 2개씩 구하세요.

(1) 8과 12

> 풀이
>
> 8의 배수는 (   )
>
> 12의 배수는 (   )
>
> 따라서 공배수 2개는 (   )

(2) 4와 6

> 풀이
>
> 4의 배수는 (   )
>
> 6의 배수는 (   )
>
> 따라서 공배수 2개는 (   )

2 다음에서 설명하는 수는 몇 개인지 구하세요.

> 21보다 크고 50보다 작아요.
>
> 4와 6의 공배수예요.

**힘센
정리**

❶ 공배수는 두 개 이상의 수들의 배수에서 공통인 배수!

❷ 두 수의 배수를 찾아 공배수를 구할 수 있다.

❸ 두 수의 공약수를 이용해 공배수를 구할 수 있다.

08

최소공배수

오늘 나는

최소공배수를 구하고
공배수와 최소공배수 사이의 관계를 알 수 있어요.

교과연계 ∞ **초등** 약수와 배수 ∞ **중등** 최대공약수와 최소공배수

한 줄 정리

최소공배수는 공배수 중에서 가장 작은 수를 말해요.

예시

4의 배수: 4, 8, 12, 16, 20 …
6의 배수: 6, 12, 18, 24, 30 …
4와 6의 공배수: 12, 24 …
4와 6의 최소공배수: 12

약수 114쪽
어떤 수를 나머지 없이 나눌 수 있는 수.

배수 134쪽
어떤 수를 1배, 2배, 3배 … 곱한 수.

설명 더하기

약수의 개수는 정해져 있지만 배수의 개수는 무수히 많아요. 그래서 공배수도 무수히 많죠. 이러한 이유로 가장 큰 공배수는 구할 수 없어요. 다시 말해서 '최대'공배수라는 수는 구할 수가 없는 수랍니다. 그러나 가장 작은 공배수는 구할 수 있어요. 이를 최소공배수라고 하는 거예요. 간혹 최소공배수와 최대공배수를 두고 용어를 혼동하는 학생이 있는데, 이는 배수의 정의를 잘 모르기 때문에 벌어지는 일이에요.

문해력 UP!

최 最 가장
소 小 작다
공배수

→ 가장 작은 공배수

두 수의 최소공배수를 구하는 방법

① 여러 수의 곱으로 나타낸 곱셈식을 이용해 두 수의 최소공배수를 구할 수 있어요. 이 방법으로 12와 20의 최소공배수를 구해 볼까요? 12와 20을 곱셈식으로 나타내면 다음과 같아요.

$$12 = \boxed{2 \times 2} \times 3$$
$$20 = \boxed{2 \times 2} \times 5$$
$$\text{최소공배수}: \boxed{2 \times 2} \times 3 \times 5$$

12와 20의 곱셈식 중에 공통인 수 2×2와 공통이 아닌 수 3, 5를 곱하여 최소공배수를 구해요. 즉, 12와 20의 최소공배수는 $2 \times 2 \times 3 \times 5 = 60$이에요.

② 두 수의 공약수를 이용해 최소공배수를 구할 수 있어요. 이 방법으로 12와 20의 최소공배수를 구해 볼까요? 12와 20을 공통으로 나누어떨어지게 하는 수를 찾아야 합니다. 직접 나누는 방법으로 구하면 다음과 같아요.

$$
\begin{array}{r|rr}
2 & 12 & 20 \\
\hline
2 & 6 & 10 \\
\hline
& 3 & 5
\end{array}
$$

12와 20의 최소공배수는 $2 \times 2 \times 3 \times 5 = 60$이에요. 최대공약수 구할 때의 방법과 비슷하죠? 나누는 부분까지는 같아요. 하지만 최대공약수와 최소공배수는 결과가 달라요.

> **참고** 직접 나누어 구할 때 최대공약수는 G, 최소공배수는 L로 간단히 나타냅니다.
> G는 '가장 크다'는 뜻의 greatest, L은 '가장 작다'는 뜻의 least의 약자에서 왔어요!

$$
\mathbf{G}\;\overline{)\,\begin{array}{rr} 12 & 18 \\ \hline 2 & 3 \end{array}}
\qquad
\mathbf{L}\;\overline{)\,\begin{array}{rr} 12 & 18 \\ \hline 2 & 3 \end{array}}
$$

$\mathbf{G}$ 최대공약수 $= 6$
$\mathbf{L}$ 최소공배수 $= 6 \times 2 \times 3$

공배수   138쪽

공배수는 최소공배수의 배수

3의 배수는 3, 6, 9, 12, 15, 18, 21, 24 … 이고, 4의 배수는 4, 8, 12, 16, 20, 24 … 이므로, 3과 4의 공배수는 12, 24 … 예요. 3과 4의 최소공배수는 12이지요. 그런데 12의 배수는 3과 4의 공배수이기도 해요. 즉 **두 개 이상의 수들의 공배수는 그 수들의 최소공배수의 배수**랍니다.

공배수
두 개 이상의 수들의 배수에서 공통인 배수.

공식 쏙쏙

A와 B의 공배수
= A와 B의 최소
공배수의 배수

참고 왜 최소공약수와 최대공배수는 안 구할까요? 공약수 중에서 가장 작은 수는 1이에요. 모든 수의 공약수에 항상 1이 들어가기 때문에 최소공약수를 구하는 일은 의미가 없어요. 또한 공배수는 그 개수가 무수히 많아요. 그러니 최대공배수는 구하고 싶어도 구할 수가 없어요. 그래서 최소공약수와 최대공배수는 구하지 않는 겁니다.

세 수의 최소공배수 구하는 법

6, 15, 21의 최소공배수는 어떻게 구할 수 있을까요? 각 수를 소수의 곱으로 나타내 보면, $6 = 2 \times 3$, $15 = 3 \times 5$, $21 = 3 \times 7$입니다.

$3 \times 2 \times 5 \times 7 = 210$이 되므로 세 수 6, 15, 21의 최소공배수는 210이에요.

$$3 \overline{)\ 6 \quad 15 \quad 21}$$
$$2 \quad 5 \quad 7$$

→ 6, 15, 21의 최소공배수는 $3 \times 2 \times 5 \times 7 = 210$이에요.

사고력 UP

2022년이 임인년? 그럼 2023년은?

십간	甲 (갑)	乙 (을)	丙 (병)	丁 (정)	戊 (무)	己 (기)	庚 (경)	辛 (신)	壬 (임)	癸 (계)
십이지	子 (자)	丑 (축)	寅 (인)	卯 (묘)	辰 (진)	巳 (사)	午 (오)	未 (미)	申 (신)	酉 (유)	戌 (술)	亥 (해)

우리나라에서는 십간과 십이지를 순서대로 하나씩 짝을 지어 갑자년, 갑축년, 갑인년 … 이런 식으로 해마다 이름을 붙여요. 십간(갑을병정무기경신임계)은 10년마다, 십이지(자축인묘진사오미신유술해)는 12년마다 계속 반복되지요. 그래서 10과 12의 최소공배수인 60년마다 같은 이름의 해가 다시 등장합니다. 2022년이 임인년이라면 60년 후인 2082년에 다시 임인년이 돌아온다는 거예요.

그렇다면 2022년 임인년의 다음 해인 2023년은 무슨 해일까요? 십간에서 임 다음이 계이고, 십이지에서 인 다음이 묘이므로, 합치면 계묘년. 2023년은 계묘년이 되겠네요!

1 두 수 12와 18의 최소공배수를 두 가지 방법으로 구하세요.

⑴ 곱셈식을 이용해 구하기

⑵ 공약수를 이용해 직접 나눠서 구하기

2 다음 그림과 같이 톱니바퀴가 서로 맞물려 돌고 있는데, ㉮ 톱니바퀴의 개수는 12개이고 ㉯ 톱니바퀴의 개수는 8개입니다. ㉮ 톱니바퀴가 2회 회전했을 때, ㉯ 톱니바퀴는 몇 회를 회전하게 될까요?

┌ 해결 과정 ┐

㉮ 톱니바퀴의 개수는 (　　)개이므로 2회 회전하면 (　　)개의 톱니가 맞물리게 돼요. ㉯ 톱니바퀴의 개수는 (　　)개이므로 함께 회전한 수를 식으로 구하면 (　　　　) 이에요. 따라서 (　　)회전을 해요.

힘센 정리

❶ 최소공배수는 공배수 중에서 가장 작은 수.

❷ 두 개 이상의 수들의 공배수는 그 수들의 최소공배수의 배수.

145

09

서로소

오늘 나는

> 서로소의 의미를 알고
> 서로소인 수들을 찾을 수 있어요.

교과연계　∞ **초등** 약수와 배수　∞ **중등** 최대공약수와 최소공배수

공약수 　118쪽
두 개 이상의 수를 공통
으로 나누어떨어지게 하
는 수.

한 줄 정리

서로소는 어떤 두 수의 공약수를 구했을 때, 공약수가 **1뿐**인 두 수를 말해요.

예시

3과 5는 공약수가 1뿐이에요. 그래서 3과 5는 서로소예요.

설명 더하기

어떤 두 수의 공약수를 구했을 때, 공약수가 1뿐인 두 수를 서로소라고 하기도 하고, 두 수의
최대공약수가 1인 두 수를 서로소라고 하기도 해요.
1은 모든 수와 공약수가 1뿐이므로 **1은 모든 수와 서로소**가 됩니다. 1과 2는 서로소예요. 1과
4는 서로소예요. 그러나 2와 4는 공약수가 1, 2이므로 서로소가 아니에요.
간혹 서로'소'를 서로'수'로 잘못 아는 경우가 있으니 조심하세요!

문해력 UP!

서로　짝을 이루는 둘
소 素　바탕, 법

→ 서로에게 (공약수는) 1뿐

기약분수는 서로소가 필요해

분수의 기약분수를 어떻게 간단히 만들었는지 기억하나요? 바로 최대공약수로 약분을 하는 것이었죠.

예를 들어 분수 $\dfrac{24}{36}$ 를 약분을 이용해 기약분수로 만들려면 분모와 분자를 24와 36의 최대공약수인 12로 나누면 됩니다.

$$\frac{24 \div 12}{36 \div 12} = \frac{2}{3} \text{ 서로소}$$

이렇게 만들어진 기약분수의 분모 2와 분자 3은 공통으로 나누어떨어지는 수가 1뿐이에요. 다시 말해서 2와 3은 서로소이지요. **기약분수는 분모와 분자가 서로소 관계가 될 때까지 약분을 하는 겁니다.** 그래서 더 이상 약분이 안 되는 이 분수를 '이미 약분을 했다'는 뜻으로 기약분수라고 하는 거고요.

기약분수   68쪽
더 이상 약분이 되지 않는 분수. 분모와 분자의 공약수가 1뿐이다.

─ 공식 쏙쏙 ─
기약분수 $\dfrac{b}{a}$
a와 b는 서로소

최대공약수, 최소공배수도 서로소가 필요해

두 수의 최대공약수와 최소공배수를 구하는 방법 중에는 두 수의 공약수로 직접 나누는 방법이 있어요. 공통으로 나누어떨어지는 수를 찾아서 구하는 방법을 떠올려 보세요. 예를 들어 12와 18의 최대공약수와 최소공배수를 구하려면,

$$
\begin{array}{r|rr}
2 & 12 & 18 \\
3 & 6 & 9 \\
\hline
 & 2 & 3
\end{array}
$$
서로소

이렇게 서로소가 나올 때까지 직접 나눌 수 있습니다. 그럼 최대공약수는 $2 \times 3 = 6$ 이고, 최소공배수는 $2 \times 3 \times 2 \times 3 = 36$이에요.

> **참고** 중학생이 되면 계산 결과를 기약분수로 나타내도록 하고 있어요. 심지어 약분을 하지 않고 답을 적으면 오답이 돼요. 예를 들어서 문제에서 '계산 결과를 $\dfrac{q}{p}$ (p, q는 서로소 인 자연수)라 할 때, $p+q$의 값을 구하세요'라는 표현을 쓰는데 이때 $\dfrac{q}{p}$ (p, q는 서로소인 자연수)는 기약분수를 뜻하는 거예요.

서로소, 무엇이든 물어보세요

질문 1. 짝수끼리는 서로소가 될 수 있을까요?

인수   38쪽
어떤 수를 몇 개의 수의 곱으로 나타낼 때 각 구성 요소.

➡ 짝수는 모두 2를 인수로 갖는 수이기 때문에 짝수끼리는 절대 서로소가 될 수 없어요. 예를 들어 2의 인수는 1, 2이고, 4의 인수는 1, 2, 4이며, 6의 인수는 1, 2, 3, 6 이거든요.

다시 말해 두 수가 짝수라면 공약수가 1 말고도 2가 있어서 서로소가 될 수 없어요.

질문 2. 홀수끼리는 서로소가 될 수 있을까요?

➡ 3과 5는 서로소이지만, 3과 9는 서로소가 아니에요. 이렇게 홀수끼리는 서로소인 경우도 있고 아닌 경우도 있어요.

질문 3. 소수끼리는 서로소가 될 수 있을까요?

➡ 소수는 1과 자신만을 약수로 갖는 수이죠! 그러므로 소수끼리는 당연히 서로소예요.

질문 4. 모든 수와 서로소가 될 수 있는 수가 있을까요?

네, 바로 약수가 1뿐인 1이 모든 수와 서로소가 됩니다.

집합에서도 서로소가 있다

집합

: 분명한 조건의 모임을 집합이라고 하고 집합을 이루는 하나하나의 대상을 원소라고 해요(고등과정).

자연수에서 서로소는 공약수가 1뿐인 두 수 사이를 말해요. 그런데 집합에서 서로소는 공통인 원소가 하나도 없을 때를 말해요.

[짝수와 홀수의 집합은 서로소]

초중등 과정에서 배우는 서로소를 잘 기억하고 있어야 고등과정에서 배우는 집합의 서로소와 헷갈리지 않을 거예요. 자연수에서의 서로소와 집합에서의 서로소의 정의는 다르지만 개념은 비슷해요. 간단하게, 서로소의 개념은 '서로 절대 섞일 수 없다'라는 의미라고 생각하세요.

1 다음 두 수가 서로소인 것을 모두 고르세요.

① 2와 8   ② 13과 21   ③ 14와 35

④ 17과 51   ⑤ 1과 4

2 1부터 50까지의 수 중에서 6과 서로소인 자연수의 개수를 구하세요.

6과 서로소가 되려면 (   )의 배수도 (   )의 배수도 아니어야 해요. 1부터 50까지

의 2의 배수는 (   )개, 3의 배수는 (   )개, 2와 3의 공배수인 6의 배수는 (   )개

예요. 따라서 6과 서로소인 자연수의 개수를 구하는 식은 (   )

이므로 정답은 (   )개예요.

3 세 수 12, 18, 30을 공약수로 나눠서 서로소인 수가 나오도록 빈칸을 채우세요.

◯) 12 18 30

◯ ◯ ◯

힘센 정리

❶ 서로소는 공약수가 1뿐인 두 수 사이의 관계.

❷ 기약분수 $\dfrac{b}{a}$ 에서 a와 b는 서로소.

❸ 최대공약수와 최소공배수를 구할 땐 서로소가 나올 때까지 직접 나눈다.

10
소인수

 소인수가 무엇인지 알고
어떤 수들의 소인수를 찾을 수 있어요.

교과연계   ∞ **초등** 약수와 배수   ∞ **중등** 소인수분해

인수   38쪽
어떤 수를 몇 개의 수의
곱으로 나타낼 때 각 구
성 요소.

소수   34쪽
1보다 큰 자연수 중 1과
자기 자신만으로 나누어
떨어지는 수.

한 줄 정리

소인수는 어떤 수의 인수 중에서 **소수인 인수**를 말해요.

예시

12의 인수: 1, 2, 3, 4, 6, 12
12의 소인수: 2, 3

설명 더하기

인수 중에서 소수인 인수를 소인수라고 해요. 여기서 인수는 어떤 수나 어떤 식을 나누어떨어
지게 하는 수나 식을 뜻합니다. 약수보다 더 큰 개념이라고 생각하면 돼요. 예를 들어 6의 약수
는 1, 2, 3, 6이에요. 이 중에서 소수인 인수, 즉 소인수는 2, 3입니다.

1보다 큰 수들은 적어도 1개 이상의 소인수를 갖고 있습니다. 1은 소인수가 없어요. 또한 소수
는 1과 자신만을 약수로 가지므로 소인수가 자기 자신뿐이에요.

소 素   본디, 바탕
인 因   본래, ~을 이루다   → 인수 중에서 소수인 인수
수 數   세다, 숫자

분수가 자연수가 되기 위한 조건

$\frac{12}{a}$, $\frac{18}{a}$을 동시에 자연수가 되도록 하는 a의 값 중에서 가장 큰 자연수를 구해 볼까

요? 먼저 $\frac{12}{a}$가 자연수가 되려면 a는 12의 약수여야 해요. 그리고 $\frac{18}{a}$이 자연수가 되

려면 a는 18의 약수여야 하지요.

그렇다면 $\frac{12}{a}$, $\frac{18}{a}$을 동시에 자연수가 되도록 하려면 12와 18의 공약수를 구하고 그

중에 가장 큰 자연수, 즉 최대공약수를 구하면 돼요. 또는 아래와 같이 소인수들의 곱

으로 표현하여 최대공약수를 구할 수도 있어요.

$$\frac{12}{a} = \frac{2 \times 2 \times 3}{a}, \quad \frac{18}{a} = \frac{2 \times 3 \times 3}{a}$$이므로

$$\frac{12}{a} = \frac{②\times 2 \times ③}{a}, \quad \frac{18}{a} = \frac{②\times ③\times 3}{a}$$

$\frac{12}{a}$, $\frac{18}{a}$가 동시에 자연수가 되기 위한 가장 큰 a의 값은 $2 \times 3 = 6$이에요.

배수, 약수, 인수, 소인수가 헷갈려요

$$2 \times 3 = 6$$

여기서 2와 3은 6의 〈약수〉예요. 6은 2와 3의 〈배수〉고요. 그럼 6의 〈인수〉는 무
엇일까요? 1, 2, 3, 6이에요. 이 중에서 소수인 인수, 즉 〈소인수〉는 2, 3이에요.
그런데 6의 〈약수〉는요? 1, 2, 3, 6이죠. 어라? 6의 〈약수〉와 6의 〈인수〉가 같네요!
그럼 약수와 인수는 같은 의미일까요? 맞아요! 인수는 '곱셈'에 쓰는 개념이고, 약수는
'나눗셈'에 쓰는 개념이지만 사실상 차이가 거의 없어요.
$6 = 2 \times 3$처럼 $A = B \times C$로 나타낼 때, A의 인수는 1, B, C, $B \times C$이지요

약수   114쪽
어떤 정수를 나누어떨어
지게 하는 0이 아닌 정수.

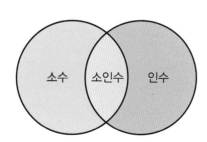

151

17년 매미의 똑똑한 소수 전략

'17년 매미'라는 말을 들어본 적이 있나요? 매미는 오직 무더운 여름에만 그 울음소리를 들을 수 있는데요. 해마다 여름에 나타나는 매미도 있지만, 땅속에서 몇 년을 보낸 뒤에야 땅 밖으로 올라와 여름을 사는 매미도 있습니다. 17년 매미는 이름 그대로 17년을 주기로 땅속에 살다가 나타나는 매미로, 미국에서 볼 수 있어요. 여름 한 철을 울기 위해 17년이나 어두운 땅속에서 살다니 참 대단하죠?

그럼 다른 매미들은 몇 년을 주기로 땅 밖에 나올까요? 우리나라에서 흔히 볼 수 있는 참매미는 주기가 5년이라고 해요. 그리고 주기가 7년이나 13년인 매미들도 있다고 해요. 그런데 5, 7, 13, 17 … 이 수들은 어떤 수일까요? 공통점을 찾았나요?

이 수들은 모두 소수예요. 1보다 큰 자연수 중 1과 자기 자신만으로 나누어떨어지는 수죠. 왜 매미는 소수를 주기로 땅 밖에 나올까요?

어떤 과학자들은 소수인 주기가 천적을 만날 위험을 줄여준다고 해요. 예를 들어서 주기가 6년인 매미가 있다고 생각해 봐요. 6년, 12년, 18년 … 이렇게 매미가 나타나겠죠. 이 매미의 천적이 태어나는 주기가 2년이면 매번 6년 매미와 만나게 됩니다. 천적의 주기가 3년이어도 매번 만나게 되고요. 결국 해마다 매미는 천적을 만나 위험에 처할 거예요.

그럼 이 매미가 6년이 아닌 7년 주기라면 어떨까요? 7년, 14년, 21년 … 이렇게 매미가 나타나겠죠. 그럼 천적이 2년 주기면 14년에 만나고, 3년 주기면 21년에 만나게 되겠네요.

6년 매미 ➜ 6년, 12년, 18년 …

7년 매미 ➜ 7년, 14년, 21년 …

2년 천적 ➜ 2년, 4년, 6년, 8년, 10년, 12년, 14년, 16년, 18년, 20년 …

➜ 20년 동안 6년 매미는 계속 천적을 만나지만,
7년 매미는 딱 1번 만나요.

여기서 비밀은 6보다 7이 약수가 적다는 것에 있어요. 6년 주기일 때보다 7년 주기일 때 천적과 만날 위험이 줄어듭니다. 그럼 17년 매미는 천적과 만날 위험이 더더욱 줄어들겠죠?

과연 매미가 수학을 알아서 이렇게 소수를 찾아 주기를 정했을까요? 그보다는 매미의 생태를 보고 인간이 수학적으로 해석을 한 것이 맞겠죠? 이렇듯 수학은 자연의 현상을 이해하고 해석하는 데에도 필수적이랍니다.

1 다음 분수를 동시에 자연수가 되도록 하는 x의 값 중에서 가장 큰 자연수를 구하세요.

$$\frac{21}{x}, \frac{18}{x}$$

2 다음 자연수의 소인수를 구하세요.

⑴ 24

⑵ 17

3 7년을 주기로 하며 사는 매미가 있어요. 이 매미의 천적은 주기가 3년이라고 해요. 그럼 매미와 천적은 몇 년마다 만나게 될까요? 만약 이 매미의 주기가 7년이 아니라 6년이라면 어떤지 비교하여 그 이유를 설명하세요.

─ 풀이 ─

7년을 주기로 하며 사는 매미와 3년을 주기로 하는 천적은 (   )년마다 만납니다. 그런데 주기가 6년으로 줄어들면 (   )년마다 천적을 만나게 돼요. 천적의 주기가 3년이므로 3의 (   )를 피해야 위험을 줄일 수 있어요.

힘센 정리

❶ 소인수는 인수 중에서 소수인 인수.
❷ 1은 소인수가 없다.
❸ 소수의 소인수는 자기 자신.
❹ 1보다 큰 수들은 적어도 1개 이상의 소인수를 갖는다.

11

거듭제곱

 오늘 나는

거듭제곱의 뜻과 표현을 배우고
거듭제곱한 수의 크기를 비교할 수 있어요.

교과연계 ∽ **초등** 약수와 배수 ∽ **중등** 소인수분해

한 줄 정리

거듭제곱은 같은 수나 문자를 여러 번 곱한 것을 말해요.

예시

3을 4번 곱하면 $3 \times 3 \times 3 \times 3 = 3^4$

설명 더하기

인수 38쪽
어떤 수를 몇 개의 수의
곱으로 나타낼 때 각 구
성 요소.

같은 수나 문자를 두 번, 세 번, 네 번 … 반복하여 곱한 것을 각각 제곱(＝평방), 세제곱(＝입방),
네제곱 … 이라고 하며 이들을 통틀어 거듭제곱이라고 해요. **자연수를 인수의 곱으로 나타낼
때, 같은 수는 거듭제곱을 이용해서 나타냅니다.**

 문해력UP!

거듭   되풀이하다, 반복
제곱   같은 수를 곱하다

➜ 반복해서 같은 수를 곱하다

거듭제곱의 밑과 지수

2를 세 번 곱한 수를 '2의 세제곱'이라고 읽고, '2^3'으로 써요. 이때 2를 '밑'이라고 하고, 3을 '지수'라고 해요.

$$2 \times 2 \times 2 = 2^3$$

밑 : 거듭제곱에서 거듭하여 곱한 수나 문자
지수 : 거듭제곱에서 거듭하여 곱한 수나 문자의 개수

거듭 제곱수의 크기 비교하기

① **지수가 같은 경우 → 밑(밑>0)이 크면 큰 수**

  ㉔ 2^3와 3^3의 크기 비교하기

  $2^3 = 8$, $3^3 = 27$이므로 $2^3 < 3^3$이에요.

  ㉔ $\left(\dfrac{1}{3}\right)^3$와 $\left(\dfrac{1}{2}\right)^3$의 크기 비교하기

  $\left(\dfrac{1}{3}\right)^3 = \dfrac{1}{27}$, $\left(\dfrac{1}{2}\right)^3 = \dfrac{1}{8}$이므로 $\left(\dfrac{1}{3}\right)^3 < \left(\dfrac{1}{2}\right)^3$이에요.

  즉, 지수가 같으면 밑이 큰 수가 더 큰 수예요(단, 밑>0).

  $$0 < a < b\text{이면 } a^3 < b^3$$

② **밑이 같은 경우 → 밑>1일 때 지수가 크면 큰 수**
  → 0< 밑 <1일 때 지수가 크면 작은 수

  ㉔ 2^3와 2^4의 크기 비교하기

  $2^3 = 8$, $2^4 = 16$이므로 $2^3 < 2^4$이에요.

  즉, 밑이 1보다 큰 수로 같은 경우 지수가 큰 수가 더 큰 수예요.

  $$a > 1\text{이면 } a^2 < a^3$$

  ㉔ $\left(\dfrac{1}{2}\right)^3$와 $\left(\dfrac{1}{2}\right)^4$의 크기 비교하기

  $\left(\dfrac{1}{2}\right)^3 = \dfrac{1}{8}$, $\left(\dfrac{1}{2}\right)^4 = \dfrac{1}{16}$이므로 $\left(\dfrac{1}{2}\right)^3 > \left(\dfrac{1}{2}\right)^4$이에요.

즉, 밑이 0보다 크고 1보다 작은 수로 같은 경우 지수가 큰 수가 더 작아요.

$$0 < a < 1 \text{이면 } a^2 > a^3$$

거듭제곱으로 만드는 수타면

중국 음식점에 가면 '손짜장'이라는 메뉴를 가끔 볼 수 있어요. 기계가 아니라 손으로 직접 만든 면으로 요리한 짜장면이라는 뜻이에요. 손으로 면을 바닥에 여러 번 치면서 접고 또 접으면서 만들기 때문에 수타면이라고도 하는데, 이렇게 하면 탄력이 생겨서 쫄깃한 면을 만들 수 있다고 해요. 중국에는 오랜 시간 대대로 손으로 면을 만드는 일을 하는 수타면 장인이 많아요.

그런데 이 수타 짜장면에 수학적 원리가 숨겨져 있어요. 바로 '거듭제곱'이에요. 보통 한 그릇에 들어가는 면이 128가닥이라고 하거든요. 면을 접고 접으면서 1가닥이었던 것을 128가닥으로 만드는 거지요. 그럼 면을 몇 번 접어야 128가닥을 만들 수 있을까요?

처음에 수타면 1가닥을 1번 접으면 2가닥이 되고, 2가닥을 또 접으면 4가닥이 되고, 4가닥을 또 접으면 8가닥이 돼요. 이런 식으로 면을 한 번 접을 때마다 면의 개수는 2배씩 많아집니다. 1, 2, 2^2, 2^3, 2^4과 같은 2의 거듭제곱인 것이죠. 그럼 128가닥은 면 1가닥을 몇 번 접어서 만든 걸까요? 128은 2^7과 같은 수이므로 7번 접은 것이에요. 더 가는 면을 원한다면 8번 접어서 256가닥으로 만들면 돼요.

이와 같은 원리를 반대로 이용하면 신문을 접어서 달까지도 갈 수 있다고 해요. 이게 대체 무슨 말이냐고요? 신문지 1장의 두께가 0.1밀리미터라면, 1번 접었을 때 2장이 되고 두께는 0.2밀리미터가 되지요. 아래의 표를 보세요. 50번 접으면 두께가 약 11억 킬로미터나 된다고요! 그러니까 접으면 접을수록 신문지 두께가 거듭제곱만큼 늘어나서 결국에는 이 접은 신문지를 밟고 달까지도 갈 수 있다는 거죠. 물론 신문지를 계속 접을 수 있다는 가정하에 말이에요.

신문지 1장을 계속 접으면?

접은 수	접힌 장	두께
1번	$2^1 = 2$장	0.2밀리미터
2번	$2^2 = 4$장	0.4밀리미터
5번	$2^5 = 32$장	3.2밀리미터
10번	$2^{10} = 1024$장	102.4밀리미터
50번	$2^{50} = 1024^5$장	1125899906.84킬로미터

1 다음 곱셈을 거듭제곱을 이용하여 나타내세요.

(1) $2 \times 2 \times 2 \times 3 \times 3 =$

(2) $\underbrace{3 \times 3 \times \cdots \times 3}_{10번} =$

2 다음 수들을 크기순으로 나열했을 때, 가장 작은 수와 가장 큰 수를 구하세요.

2^4, 3^3, 5^2

3 다음 수들을 크기순으로 나열했을 때, 가장 큰 수를 구하세요.

$\left(\dfrac{1}{2}\right)^2$, $\left(\dfrac{1}{2}\right)^3$, $\left(\dfrac{1}{2}\right)^4$, $\left(\dfrac{1}{2}\right)^5$

풀이1

직접 계산하여 비교하기.

풀이2

밑이 1보다 작은 수로 같고, 지수가 다른 경우 지수가 큰 수가 더 작다.

힘센 정리

❶ 거듭제곱은 같은 수 또는 같은 문자를 여러 번 반복하여 곱한 수나 식.

❷ 거듭제곱에서 거듭하여 곱한 수나 문자를 밑이라고 한다.

❸ 거듭제곱에서 거듭하여 곱한 수나 문자의 개수를 지수라고 한다.

12

소인수분해

 소인수분해하는 방법을 배우고
소인수분해를 이용해 약수와 약수의 개수를 구할 수 있어요.

교과연계　∞ **초등** 약수와 배수　∞ **중등** 소인수분해

한 줄 정리

소인수분해는 어떤 자연수를 소인수의 곱으로 나타내는 과정을 말해요.

예시

$12 = 2 \times 2 \times 3 = 2^2 \times 3$

설명 더하기

어떤 물질을 이루는 기본 단위인 '원자'처럼 자연수에서 '더 이상 분해할 수 없는 수'를 무엇이라고 할까요? 바로 소수랍니다. 자연수를 소수인 인수의 곱, 즉 소인수의 곱으로 나타낸 것을 소인수분해라고 해요. 소인수분해를 할 때 같은 수가 곱해진 것은 거듭제곱을 이용해서 나타내요.

예를 들어 12를 소인수분해하면 $12 = 2 \times 2 \times 3 = 2^2 \times 3$이에요. 이때 소인수분해에서 사용한 소인수는 2와 3이지요. 자연수를 소인수분해한 결과는 오직 한 가지뿐이에요. 소인수들의 순서를 생각하지 않으면요.

거듭제곱　154쪽
같은 수나 문자를 여러 번 곱한 것.

 문해력 UP!

소인수
분 分　나누다
해 解　풀다

→ 소인수로 나누어 풀다

소인수분해를 하는 두 가지 방법

① 소수의 곱을 이용하기

예를 들어 18은 2와 9의 곱으로 나타낼 수 있어요. 2는 소수이지만 9는 소수가 아니에요. 그래서 다시 9를 소수인 3과 3의 곱으로 나타내요. 아래 그림처럼 가지치기 형태로 하면 빠뜨리지 않고 소수들의 곱으로 나타낼 수 있어요.

$$18 \begin{cases} 2 \\ 9 \end{cases} \begin{cases} 3 \\ 3 \end{cases} \qquad \therefore 18 = 2 \times 3 \times 3 = 2 \times 3^2$$

소수   34쪽
1보다 큰 자연수 중 1과 자기 자신만으로 나누어 떨어지는 수.

② 세로로 소인수 나누기

예를 들어 18의 소인수는 2, 3이에요. 먼저 2로 나눈 후 다시 몫을 3으로 나눠요. 이때 소수가 나올 때까지 나누면 돼요(먼저 3으로 나눈 후 2로 나누어도 되고요!).

소인수   150쪽
어떤 수의 인수 중에서 소수인 인수.

$$\begin{array}{r} 2\,)\,18 \\ 3\,)\,9 \\ \hline 3 \end{array}$$

$$\therefore 18 = 2 \times 3 \times 3 = 2 \times 3^2$$

소인수분해를 이용해 약수를 구하자

12를 소인수분해하면 $2^2 \times 3$이에요. 이때 2^2의 약수와 3의 약수를 표로 만들어 가로와 세로를 곱하면 12의 약수를 구할 수 있어요.

$\times$	1	2	2^2
1	1×1	1×2	1×2^2
3	3×1	3×2	3×2^2

이 표를 이용하면 다음의 값을 한눈에 빠르게 알 수 있어요.

① 12의 약수의 개수는 가로 3개, 세로 2개이므로 6개

② 12의 약수 중에서 가장 큰 수는 12이고, 가장 작은 수는 1

③ 12의 약수 중에서 2의 배수는 1×2, 1×2^2, 3×2, 3×2^2이므로 4개

               3의 배수는 3×1, 3×2, 3×2^2이므로 3개

이렇듯 소인수분해는 자연수의 성질을 파악하는 데에 아주 효과적이랍니다.

공식 쏙쏙

$N = p^m \times q^n$
(p, q: 서로 다른 소수, m, n: 자연수)

N의 약수의 개수
$= (m+1) \times (n+1)$개

지금까지 발견된 가장 큰 소수는?

해독하기 어려운 암호를 만들 때 소수를 쓰곤 합니다. 소수가 크면 클수록 안전한 암호가 되지요. 그중 RSA 암호는 수학자 세 명이 만들었는데, 이 암호로 컴퓨터과학의 노벨상으로 일컬어지는 튜링상을 받았어요. 도대체 어떻게 만들었길래 큰 상까지 받았을까요?

RSA 암호는 소수 2개를 곱하긴 쉽지만 그 곱을 다시 소인수분해하긴 어려운 성질을 이용했어요. 숫자가 200자리를 넘어가면 슈퍼컴퓨터조차도 어떤 수의 곱인지 알아내기 위해 아주 오랜 시간이 걸린다고 해요. 그러니 큰 소수를 이용할수록 풀기 힘든 암호를 만들 수 있어요. 문제는 소수의 규칙이 아직 밝혀지지 않아서 아주 큰 소수를 찾는 것이 힘들다는 것이에요. RSA 암호는 정보를 140자리 이상의 소수의 곱으로 암호화했다고 하니 참 대단하죠.

그렇다면 현재 발견된 가장 큰 소수는 무엇이며 누가 발견했을까요? 바로 미국의 수학자인 커티스 쿠퍼가 2013년 1월 25일에 발견한 48번째 소수예요. 이 수가 지금까지 발견된 소수 중 가장 큰 소수라고 해요. 이 소수를 발견한 연구를 '메르센 소수 공동 프로젝트'라고 해요. '메르센 소수'란 일반적으로 $2^n - 1$ 꼴의 수를 메르센 수라고 하며, 메르센 수가 소수일 때 그 수를 메르센 소수라고 해요 .

메르센 소수 공동 프로젝트에서는 인간의 힘으로 구하는 것이 불가능한 큰 수를 연산해야 해서 컴퓨터를 사용할 수밖에 없었어요. 그러나 컴퓨터로도 찾기가 쉽지가 않았죠. 왜냐하면 컴퓨터에 소수에 대한 데이터를 입력해야 하는데 아직도 소수의 규칙이 다 밝혀지지 않았기 때문이지요. 하지만 이렇게 컴퓨터를 통한다면 조만간 누군가가 더 큰 소수를 발견할 수도 있을 거예요. 아니, 그것보다 더 위대한 일은 누군가가 소수의 비밀을 밝히는 거예요. 그러면 더 이상 소수로 만든 암호는 풀기 어려운 암호가 아니게 될 테니까요.

**백쌤의
한마디**

중고등 과정에서 알아야 하는 소수를 찾는 팁을 알려 줄게요. 일단 '6의 배수 ± 1'인 수가 소수일 가능성이 커요. 이 사실을 잘 알아두면 소수를 찾을 때 큰 도움이 될 거예요. 예를 들어서 60은 6의 배수예요. 즉, 2의 배수이면서 3의 배수인 거죠. 그럼 $60 - 1 = 59$예요. 59는 1과 자신만을 약수로 갖는 소수죠. $60 + 1 = 61$이에요. 61도 소수예요.

1 다음 수를 소인수분해하세요.

(1) 72

(2) 65

2 다음 빈칸에 들어갈 수를 쓰세요.

72의 약수의 개수는 (   )개이고, 이 중에서 2의 배수는 (   )개, 3의 배수는
(   )개다.

힘센
정리

❶ 소인수분해는 자연수를 소인수의 곱으로 나타낸 것.

❷ 소인수분해를 해서 지수에 1을 더한 뒤 곱하면 약수의 개수.

❸ 자연수의 소인수분해는 오직 한 가지.

수열

오늘 나는

수열의 뜻을 알고
수의 규칙을 이해할 수 있어요.

교과연계 ∽ **초등** 분수와 소수, 규칙 ∽ **중등** 유한소수와 순환소수

한 줄 정리

수열은 어떤 규칙에 따라 차례로 수를 나열한 것이에요.

예시

3씩 커지는 수열: 2, 5, 8, 11

설명 더하기

수열은 어떤 규칙에 따라 차례로 나열된 수의 열(＝줄)이죠. 이때 나열된 각 수를 그 수열의 항
(＝각각의 수)이라고 해요. 수열의 규칙은 여러 가지가 있는데 1, 4, 7, 11 … 과 같이 차이가 일
정한 수열은 '등차수열'이라고 하고 1, 3, 9, 27 … 과 같이 비가 일정한 수열은 '등비수열'이라
고 해요. 이 밖에도 여러 가지 규칙에 맞춰 나열된 수열이 있어요.

문해력 UP!

수 數 세다, 숫자
열 列 줄, 늘어서다

➜ 숫자들의 줄

어떤 사람이 토끼 1쌍을 우리에 넣었어요. 이 토끼 1쌍은 두 달 동안 자라서 매달 1쌍씩 새끼 토끼를 낳을 수 있어요. 새로 태어난 토끼들도 마찬가지로 태어난 뒤 두 달 후부터 1쌍의 토끼를 낳았어요. 토끼가 1마리도 죽지 않았다고 할 때, 5개월 뒤 토끼는 몇 마리가 될까요?

이 문제는 수학자 피보나치가 쓴 책에 있어서 '피보나치 수열'이라고 해요.

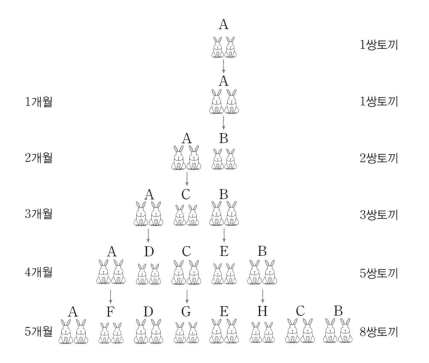

피보나치 수열은 1, 1, 2, 3, 5, 8, 13, 21, 34, 55 … 이렇게 이어집니다. 피보나치 수열의 특징은 다음과 같아요.

① 앞의 두 항을 더하여 다음 항이 만들어집니다.
② 홀수, 홀수, 짝수가 반복돼요.
③ 항과 항의 차이를 구하면 1, 1, 2, 3, 5, 8, 13, 21 … 로 다시 피보나치 수열을 이룹니다.

피보나치에 숨어 있는 황금비

앞에서 피보나치 수열의 항과 항의 차이를 구하면 다시 피보나치 수열이 된다고 했어요. 그런데 이러한 반복보다 더 중요한 현상이 있는데 바로 이 항들이 '황금비'를 이룬다는 거예요.

피보나치 수열에서 어느 항과 바로 그 앞의 항의 비를 구하면 $1 \div 1 = 1$, $2 \div 1 = 2$, $3 \div 2 = 1.5$, $5 \div 3 = 1.666 \cdots$ 이렇게 점점 황금비인 $1.618 \cdots$ 에 가까운 수들이 나온답니다.

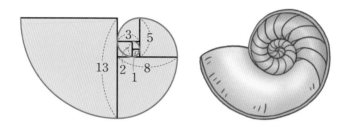

솔방울의 나선형 배열, 식물의 나뭇가지와 나뭇잎이 자라는 패턴, 꿀벌의 가계도, 앵무조개 껍질 등등 신기하게도 자연현상에는 이 피보나치 수열을 따른 것이 많아요. 자연이 아름다운 이유 중 하나는 바로 이 황금비를 이루기 때문이 아닐까 해요.

쉬어 가기

가로세로 낱말퍼즐

▶ 정답과 풀이 243쪽

가로 열쇠

❶ 대상의 모양을 본떠 나타내는 문자.

❷ 연산을 위해 사용되는 부호.

❸ 소수점 오른쪽에 끝없이 숫자가 이어지는 소수.

❹ 직선 위에 0을 기준으로 양수와 음수를 무한히 펼쳐 놓은 것.

❺ 둘 이상의 수의 공배수 중에서 가장 작은 수.

❻ 둘 이상의 서로 다른 분수를 크기가 변하지 않게 통분했을 때 갖는 분모.

❼ 분모도 분자도 다르지만 값이 같은 분수.

❽ 덧셈, 뺄셈, 곱셈, 나눗셈의 네 가지 계산법.

세로 열쇠

❶ 사물의 개수를 셀 때 쓰는 수.

❷ 수의 자리.

❸ 실수 중에서 유리수가 아닌 수.

❹ 어떤 자연수를 소인수의 곱으로 나타내는 과정.

❺ 공약수가 1뿐인 두 수.

❻ 둘 이상의 수의 공약수 중에서 가장 큰 수.

❼ 두 수의 합에 다른 한 수를 곱한 것이 그것을 각 각 곱한 것의 합과 같다는 법칙.

❽ 분수에서 아이 자리에 해당하는 수를 일컫는 말. (힌트: 분모는 어머니 자리에 해당하는 수)

Chapter 4
정수와
유리수의 세계

이제 **여러분**은 **신세계**에
빠져들게 될 겁니다.
지금껏 **알고 있던**
수의 세계가 **확장**될 거예요.

01

수직선

수직선의 개념을 배우고
수직선에서 큰 수와 작은 수를 이해할 수 있어요.

교과연계　∞ **초등** 큰 수와 작은 수　∞ **중등** 정수와 유리수

실수 206쪽
수직선 위에 나타낼 수
있는 수. 유리수와 무리
수 모두.

유리수 194쪽
분자, 분모(분모≠0)가
모두 정수인 분수로 나타
낼 수 있는 수.

무리수 198쪽
실수 중에서 유리수가 아
닌 수. 분수로 나타낼 수
없다.

한 줄 정리

수직선은 **직선 위에 원점(0)을 기준으로 양수(＋)와 음수(－)를 무한히 펼쳐 놓은 것**을 말
해요.

예시

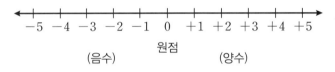

원점
(음수)　　　　　(양수)

설명 더하기

수직선을 그리는 방법은 다음과 같습니다. 첫째, 직선 위에 기준이 되는 '원점'을 잡고 거기에
숫자 0(영)을 적습니다. 둘째, 0(원점)의 양쪽에 일정한 간격으로 점을 찍습니다. 셋째, 0(원점) 오
른쪽에 '양수(＋)'를, 왼쪽에 '음수(－)'를 차례로 짝지어 직선을 쭉 만듭니다. 수직선 완성!
이렇듯 **직선을 이루는 각각의 점에 실수를 하나씩 짝을 지어 놓은 것을 수직선**이라고 하지요.
실수는 유리수와 무리수 모두를 가리킵니다. 또한 수직선에서는 **오른쪽으로 갈수록 큰 수**가 돼요.

문해력 UP!

수 數　세다, 숫자
직 直　곧다　　　　→ 숫자가 (표시되어) 있는 곧은 선
선 線　선

수직선 위의 음수, 0, 양수

수직선에서는 **오른쪽으로 갈수록 큰 수, 왼쪽으로 갈수록 작은 수**예요. 원점인 0을 기준으로 오른쪽은 양수(+), 왼쪽은 음수(−)죠.

예를 들어서 2보다 4 큰 수는 2에서 오른쪽으로 4만큼 이동한 수예요. 그럼 6이죠. 그리고 수직선 위의 점 A가 +6의 위치일 때, 점 A에 대응하는 점을 +6(또는 6)이라고 하고, 점 A의 좌표를 기호로 'A(6)'이라고 나타내요.

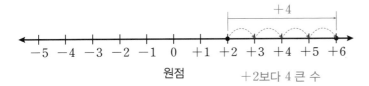

반대로 2보다 4 작은 수는 2에서 왼쪽으로 4만큼 이동한 수예요. 그럼 −2이죠. 점 B의 좌표가 −2라면 기호로 'B(−2)'로 나타내요.

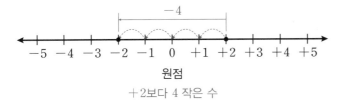

수직선에서 같은 거리에 있는 점

수직선에서는 오른쪽으로 갈 수 있고 왼쪽으로도 갈 수 있으므로 한 점에서 같은 거리에 있는 점은 2개씩 있어요. 예를 들어서 −1에서 거리가 3만큼 떨어진 점을 구해요. −1보다 3 큰 수와 1보다 3 작은 수가 있어요.

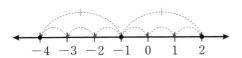

−1보다 3 큰 수는 −1에서 오른쪽으로 3칸 이동한 +2
−1보다 3 작은 수는 −1에서 왼쪽으로 3칸 이동한 −4
따라서 −1에서 거리 3만큼 떨어진 점은 +2, −4예요.

분수를 수직선에 나타내기

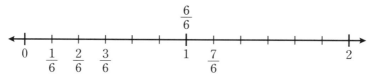

[0부터 2까지를 12칸으로 나눈 수직선]

진분수　72쪽
분자가 분모보다 작은 분수.

가분수　72쪽
분자와 분모가 같거나, 분자가 분모보다 큰 분수.

대분수　76쪽
자연수와 진분수로 이루어져 있는 수.

수직선에서 0부터 2까지를 12칸으로 같은 간격으로 나누면 작은 눈금 1칸의 크기는 $\frac{1}{6}$이라고 말할 수 있어요. 0에서부터 두 번째 눈금 위치는 $\frac{2}{6}$이고, 여섯 번째 눈금 위치는 $\frac{6}{6}(=1)$이에요. 일곱 번째 눈금 위치는 $\frac{7}{6}$인데 이 수는 $1\frac{1}{6}$과 같아요. 이렇듯 진분수와 가분수, 대분수는 모두 수직선 위에 나타낼 수 있어요.

 지하철 노선도

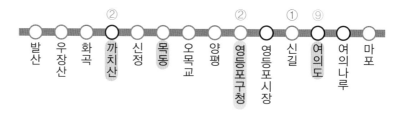

서울에서 지하철을 타면 원하는 곳까지 몇 정거장을 이동하면 갈 수 있어요. 위의 그림은 서울 지하철 5호선 노선도의 일부예요. 영등포구청을 기준으로 여의도까지 가려면 오른쪽으로 3정거장 이동하면 되고, 까치산까지 가려면 왼쪽으로 5정거장 이동하면 돼요. 그러면 까치산과 여의도는 8정거장 차이가 난다는 것도 알 수 있어요. 이번에는 영등포구청에서 같은 정거장 수만큼 떨어져 있는 정거장을 찾아볼까요? 영등포구청에서 3정거장씩 떨어진 곳은 목동역과 여의도역이에요.

우리가 평소 자주 보는 지하철 노선도나 엘리베이터 층수 버튼, 온도계 등 일상생활 속에서 수직선의 개념을 사용한 경우는 아주 많답니다.

1 다음 수직선에서 A, B, C, D에 대응하는 점의 좌표를 각각 구하시오.

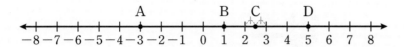

2 수직선의 −3에 대응하는 수에서 거리가 4만큼 떨어진 수를 구하세요.

┌─ 해결 과정

−3에서 4만큼 큰 수는 수직선에서 (　　)으로 (　　)칸 이동하므로 대응하는 수는

(　　)이고, −3에서 4만큼 작은 수는 수직선에서 (　　)으로 (　　)칸 이동하므로

대응하는 수는 (　　)이에요.

3 하준이의 집은 아파트 5층이에요. 외출을 하려고 아래로 3개 층을 내려갔다가 가방을 챙기러 다시 집으로 올라갔다가 1층까지 내려왔어요. 하준이는 총 몇 개의 층을 이동한 것일까요?

┌─ 해결 과정

5층에서 3개 층을 내려왔으므로 처음 이동한 층은 (　　)개 층이에요. 다시 (　　)개

층을 올라간 후 1층까지 (　　)개 층을 내려왔어요. 따라서 총 (　　)개 층을 이동했

어요.

힘센
정리

❶ 수직선은 식선을 이루는 각각의 점에 실수를 대응시킨 것.

❷ 수직선에서는 기준이 되는 점은 원점.

❸ 수직선에서 오른쪽으로 갈수록 큰 수.

02

양수

 양수의 개념을 알고 수직선을 이용하여
양수끼리의 덧셈과 뺄셈을 할 수 있어요.

교과연계 ∞ **중등** 정수와 유리수

수직선 168쪽
직선 위에 원점(O)을 기
준으로 양수와 음수를 무
한히 펼쳐 놓은 것.

한 줄 정리

양수는 수직선에서 **0보다 큰 수**예요.

예시

$$+1, \ +5, \ +\frac{1}{3}, \ +\sqrt{2}$$

설명 더하기

양수는 **수직선에서 원점(O)을 기준으로 오른쪽에 있는 수**들이지요. 양수는 양의 부호 ＋를
붙여 나타낼 수도 있고, 양의 부호를 생략하여 그냥 쓰기도 해요. 예를 들어 0보다 1이 큰 수는
＋1 또는 1이라고도 해요.
＋1은 '플러스 1'이라고 읽어요. '더하기 1'로 읽지 않도록 주의하세요. **자연수 1, 2, 3, 4 …
는 모두 양수예요.**

양 陽　밝다, 태양
수 數　세다, 숫자

➔ 밝은 수

양수는 증가를 나타내요

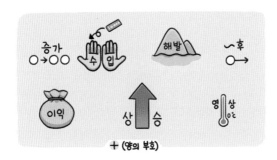

자연수   14쪽

1, 2, 3처럼 사물의 개수를 셀 때 쓰는 수.

양이나 수치가 늘어나는 것을 증가 또는 상승이라고 해요. 예를 들어 '몸무게가 증가했다', '과자의 가격이 ○○원 상승했다', '물이 ○○리터 증가했다', '온도가 섭씨 ○○도 상승했다', '은행 이자가 ○○퍼센트 증가했다', '해발 고도가 ○○미터 상승했다' 등의 표현이 있어요.

증가와 상승을 나타내는 숫자가 바로 양수랍니다. 만약 용돈이 10000원 생겼을 경우에 +10000원이라고 할 수 있어요.

양수끼리의 덧셈과 뺄셈

양수끼리 덧셈과 뺄셈은 어떻게 할까요? 수직선을 이용해서 양수끼리의 **덧셈은 오른쪽**으로, **뺄셈은 왼쪽**으로 이동하여 계산할 수 있어요.

덧셈 먼저 해볼까요? $(+3)+(+4)$는 수직선 위의 $+3$에서 오른쪽으로 4만큼 이동한 수를 뜻해요. 즉 $+7$이에요.

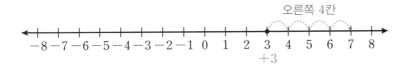

이번엔 뺄셈을 해볼까요? $(+3)-(+4)$은 수직선 위의 $+3$에서 왼쪽으로 4만큼 이동한 수예요. 즉 -1이에요.

Tip 쏙쏙

덧셈은 오른쪽
뺄셈은 왼쪽

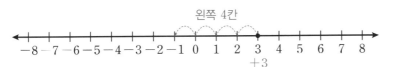

우리나라 4월 지역별 날씨

다음은 우리나라 4월의 지역별 날씨를 나타낸 그림이에요. 여기서 숫자는 바로 기온, 즉 대기의 온도를 뜻해요. 단위는 섭씨로 기호는 ℃이죠. 온도는 0도를 기준으로 영상 온도와 영하 온도로 나타낼 수 있어요.

4월 지역별 기온을 보면 수원은 영상 4도이고, 부산은 영상 10도예요. 이렇게 영상 온도를 나타낼 때, 간단하게 양의 기호를 이용해서 +4도, +10도로 나타내기도 하고 양의 부호는 생략할 수 있다고 했으니까 4도, 10도라고만 나타내기도 해요.

그렇다면 겨울이 되어 기온이 내려가면 어떻게 바뀔까요? 양의 부호는 생략이 가능하지만 **음의 부호는 절대로 생략하면 안 됩니다!** 이 내용은 다음 단원에서 겨울철 지역별 날씨에 대해 알아보면서 다시 살펴봐요.

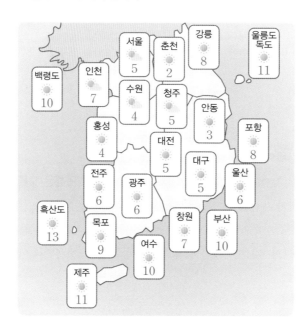

여기서 깜짝 퀴즈!

Q1 우리나라 4월 지역별 기온에서 부산과 온도가 같은 곳을 찾아보세요.

Q2 우리나라 4월 지역별 기온에서 부산과 온도 차이가 5도 **이상**인 곳은 몇 군데인가요?

깜짝 퀴즈의 정답은?

A1 백령도, 여수

A2 부산의 온도가 10도이므로 차이가 5도 이상인 곳은 온도가 5도 이하인 곳, 그리고 15도 이상인 곳을 찾으면 돼요. 5도 이하인 곳은 서울, 춘천, 수원, 청주, 홍성, 대전, 대구, 안동 이렇게 8군데예요. 15도 이상인 곳은 없어요. 따라서 부산과 온도 차이가 5도 이상인 곳은 8군데예요.

이상

: 크거나 같다는 뜻. 작지 않다와 같은 의미.

이하

: 작거나 같다는 뜻. 크지 않다와 같은 의미.

1 다음 중 양수를 모두 고르세요.

$$-2, \quad \frac{1}{2}, \quad +3, \quad +5.8, \quad 0, \quad \frac{3}{4}$$

2 다음에서 밑줄 친 부분을 양의 부호를 사용하여 나타내세요.

나는 오늘 새뱃돈을 받아서 용돈이 <u>20000원 생겼다.</u>(①)
설날이라 여러 맛있는 음식들을 먹었더니 몸무게도 <u>2킬로그램 늘어났다.</u>(②)
새해엔 새로운 마음으로 운동도 열심히 하려고 한다. 앞으로 항상 우리집 <u>5층까지
오를 때에</u> 엘리베이터 사용을 안 하고 계단으로 오르기로 했다.(③)

3 다음 양수끼리의 덧셈과 뺄셈을 수직선을 이용하여 계산하세요.

⑴ $(+5)-(+2)+(+1)=$

```
◄──┼────┼────┼────┼────┼────┼────┼────┼────┼────┼──►
   -5   -4   -3   -2   -1    0   +1   +2   +3   +4   +5
```

⑵ $(+2)+(+2)-(+3)=$

```
◄──┼────┼────┼────┼────┼────┼────┼────┼────┼────┼──►
   -5   -4   -3   -2   -1    0   +1   +2   +3   +4   +5
```

힘센 정리

❶ 양수는 수직선에서 0보다 큰 수.

❷ 수직선에서 큰 수는 오른쪽으로, 작은 수는 왼쪽으로 이동한다.

❸ 양수끼리의 덧셈과 뺄셈은 수직선을 이용해서 이해할 수 있다.

03

음수

 오늘 나는

음수의 개념을 알고 수직선을 이용하여
음수끼리의 덧셈과 뺄셈을 할 수 있어요.

교과연계 ∞ **중등** 정수와 유리수

수직선   168쪽
직선 위에 원점(O)을 기
준으로 양수와 음수를 무
한히 펼쳐 놓은 것.

한 줄 정리

음수는 **수직선에서 0보다 작은 수**예요.

예시

$-1, \ -5, \ -12, \ -\sqrt{3}$

설명 더하기

음수는 **수직선에서 원점(O)을 기준으로 왼쪽에 있는 수**들이지요. 음수는 음의 부호 —를 붙여
나타낼 수 있어요. 즉 0보다 1이 작은 수 —1은 음수예요. 양의 부호는 생략이 가능하지만 **음
의 부호는 생략하여 나타낼 수 없어요.**
—1은 '마이너스 1'이라고 읽어요. '빼기 1'로 읽지 않도록 주의하세요. 음수의 개념이 생기면
서 3—5와 같은 작은 수에서 큰 수를 빼는 뺄셈 계산이 가능하게 되었어요.

 문해력 UP!

음 陰   어둡다, 그늘
수 數   세다, 숫자   → 어두운 수

음수는 감소를 나타내요

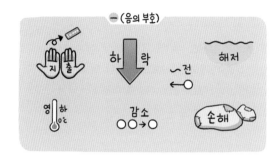

양이나 수치가 줄어드는 것을 감소 또는 하락이라고 해요. 예를 들어 '몸무게가 감소했다', '과자의 가격이 ○○원 하락했다', '물이 ○○리터 감소했다', '온도가 섭씨 ○○도 하락했다', '은행 이자가 ○○퍼센트 감소했다', '해저 ○○미터 깊이' 등의 표현이 있어요. **감소와 하락을 나타내는 숫자가 바로 음수**랍니다. 만약 용돈 10000원을 친구의 생일 선물을 사는 데 썼다면 —10000원으로 쓸 수 있어요.

음수끼리의 덧셈과 뺄셈

음수끼리 덧셈과 뺄셈은 어떻게 할까요? 수직선을 이용해서 음수끼리의 **덧셈은 왼쪽**으로, **뺄셈은 오른쪽**으로 이동하여 계산할 수 있어요.

덧셈 먼저 해볼까요? $(-2)+(-4)$는 수직선 위의 -2에서 -4만큼 커지는 수를 뜻하며, 이는 결국 4만큼 작아지는 것을 말해요. 따라서 -2에서 왼쪽으로 4만큼 이동한 수이므로 -6이에요.

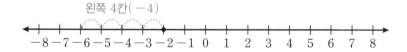

이번엔 뺄셈을 해볼까요? $(-2)-(-4)$는 수직선 위의 -2에서 -4만큼 작아지는 수를 뜻하며, 이는 결국 4만큼 큰 수를 말해요. 따라서 -2에서 오른쪽으로 4만큼 이동한 수이므로 $+2$이에요.

정수의 덧셈과 뺄셈을 할 때 수직선을 이용하지 않는 방법은 뒤의 「절댓값」에서 다시 배우도록 해요.

절댓값   190쪽
수직선 위에서 0에 대응하는 점과 어떤 수에 대응하는 점 사이의 거리.

우리나라 2월 지역별 날씨

다음은 우리나라 2월의 지역별 날씨를 나타낸 그림이에요. 홍성 −3도, 대전 −1도 등 음수가 보이죠? 우리나라는 사계절이 있는 나라예요. 그러다 보니 월별 지역별 기온이 영하에서 영상까지 달라져요. 이렇게 양의 부호와 음의 부호를 이용해서 영상 온도와 영하 온도를 숫자로 나타내면 지역별 기온 차이를 쉽게 알 수 있어요.

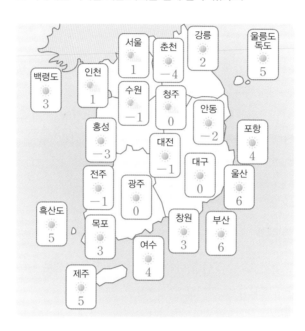

여기서 깜짝 퀴즈!

Q1 우리나라 2월 지역별 기온이 청주보다 온도가 낮은 지역을 찾아보세요.

Q2 2월 지역별 기온이 가장 높은 지역과 가장 낮은 지역의 온도 차이를 구하세요.

깜짝 퀴즈의 정답은?

A1 청주의 기온이 0도이므로 영하 온도를 찾으면 춘천, 수원, 홍성, 대전, 전주, 안동이 있어요.

A2 기온이 가장 높은 지역은 부산과 울산으로 6도이고, 가장 낮은 지역은 춘천으로 −4도예요. 따라서 온도 차이는 10도입니다.

1 다음의 덧셈과 뺄셈을 수직선을 이용해서 계산하세요.

(1) $(+3)+(+6)=$

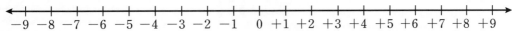

(2) $(+3)-(+2)=$

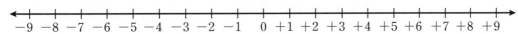

(3) $(-3)+(-5)=$

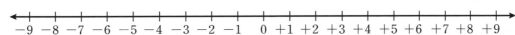

(4) $(-3)-(-5)=$

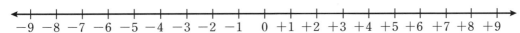

2 다음은 우리나라 지역별 일교차를 나타낸 표예요. 일교차란 최저 기온과 최고 기온의 차이를 뜻합니다. 일교차가 가장 큰 지역은 어디일까요?

지역	최저 기온	최고 기온
거제	6	18
남해	6	18
양산	5	19
거창	1	20
밀양	3	21

힘센 정리

❶ 음수는 수직선에서 0보다 작은 수.

❷ 음수끼리의 덧셈과 뺄셈은 수직선을 이용해서 구할 수 있다.

04

영(0)

0의 여러 가지 의미를 알고
자릿수를 나타내는 0을 통해 올림과 버림,
반올림을 할 수 있어요.

교과연계 ∽ **초등** 어림하기 ∽ **중등** 정수와 유리수

원점 🔍

: 수직선에 기준이 되는
점. 영어로 '근본', '기원'
을 뜻하는 origin의
첫 글자를 대문자로
써서 간략히 O으로 나
타낸다.

자릿값 🔍

: 각 자리의 숫자가 나
타내는 값. 123에서
십의 자릿값은 2다.

한 줄 정리

영(0)은 **아무것도 없음**을 의미해요. **수직선에서 기준이 되는 점**이에요.

예시

수직선에서 원점(O)에 대응하는 수는 0이에요.

설명 더하기

수직선에서 원점을 기준으로 오른쪽에 있는 수를 양수, 왼쪽에 있는 수를 음수라고 해요. 이때
원점을 나타내는 숫자가 바로 0이에요. 0은 빈자리를 나타내는 수, 아무것도 없음을 의미해요.
0은 또한 어떤 **시작점이나 기준점**을 나타내는 수이기도 해요.
수학에서 0의 발견으로 각 숫자들의 위치에 따라 값이 결정되는 자릿값의 개념이 등장했어요.

문해력 UP!

공(영) 空   비다. 없다   ➔ **없음, 텅 비었음, 기준, 시작**

0의 다양한 의미

① **비어 있다.** 아무것도 없다는 뜻이에요.

㉠ 나 용돈이 0원이야.

② **자릿수**를 나타내요.

㉠ 5, 50, 500, 0.5, 0.05의 차이점은 무엇일까요? 이 수들은 자릿수가 다른 숫자 5를 나타냅니다. 이렇게 0을 사용하여 자릿수를 표현할 수 있어요.

③ **출발점, 시작점**을 알려 줘요.

㉠ 12월 31일 밤 12시가 가까워지면 사람들은 큰 소리로 5, 4, 3, 2, 1을 외치며 카운트다운을 합니다. 이때 1 다음은 0이 되고, 새해인 1월 1일이 시작됩니다.

④ **기준점**을 나타내는 데 사용해요.

㉠ 영상 온도와 영하 온도를 가르는 기준은 0도입니다.

> ## 0은 이렇게 많은 뜻이 있어요

아무것도 없다

어라, 텅 비었네.

시작점

자, 여기서부터 시작.

기준점

이 밑으로는 영하야.

올림, 버림, 반올림이 뭐예요?

실제의 값은 아니지만 그 값에 가까운 값의 수를 '어림수'라고 해요. "어림잡아 운동장에 100명 정도 있다"라고 말할 때 운동장에 있는 사람이 정확히 100명은 아니지만 대충 그 정도가 있다는 의미가 되는 것이죠. 여기서 100이 바로 어림수예요.

어림수를 구하는 방법은 세 가지가 있어요. 바로 올림, 버림, 그리고 반올림이랍니다.

① **올림**: 구하려는 자리의 아랫자리가 0이 아닐 때, 구하려는 자리의 숫자를 1만큼 크게 하고 그보다 아랫자리는 모두 버리는 일.

$$1840을 \ 십의 \ 자리에서 \ 올림하면 \ \rightarrow \ 1900$$

② **버림**: 구하려는 자리의 아랫자리를 모두 0으로 나타내는 일.

$$1840을 \ 십의 \ 자리에서 \ 버림하면 \ \rightarrow \ 1800$$

③ **반올림**: 구하려는 자리의 바로 아랫자리가 0, 1, 2, 3, 4인 경우(5 미만) 버림하고 아랫자리가 5, 6, 7, 8, 9인 경우(5 이상) 올림하는 일.

$$1840을 \ 십의 \ 자리에서 \ 반올림하면 \ \rightarrow \ 1800$$
$$1840을 \ 백의 \ 자리에서 \ 반올림하면 \ \rightarrow \ 2000$$

영(0)을 발견했어요

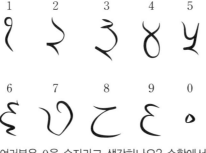

고대 바빌로니아에서는 수의 빈자리가 생길 때 그림 문자로 채웠다고 해요. 인도에서도 수가 없으면 그 칸을 아예 비웠다고 해요. 그러다가 그 빈칸을 채우기 위해 쓴 게 바로 0이었습니다. 그러다 보니 초기에 0은 그냥 빈자리를 채우는 역할로만 쓰일 뿐 숫자로는 인정받지 못했다고 해요.

여러분은 0을 숫자라고 생각하나요? 수학에서의 0의 발견은 큰 의미가 있어요. 0은 인도의 수학자이자 천문학자인 브라마굽타가 발견했어요. 그런데 발견을 했다기보다는 아무것도 남지 않은 상태, 즉 무(無)의 상태를 영(zero)이라 부르고 0이 '존재하는 수'라고 처음으로 주장하고 증명한 사람이라는 표현이 더 좋을 것 같아요. 아무것도 없는 상태인데 '수가 존재한다'라고 하니 처음에는 사람들이 받아들이기 힘들었던 것 같아요. 브라마굽타는 이를 증명하기 위해 "어떤 수에 0을 더하거나 빼도 그 수는 변하지 않는다. 하지만 0을 곱하면 어떤 수도 0이 된다"라고 했다고 해요. 0이 숫자로 아주 중요한 역할을 한다는 것을 보여준 것이죠.

여기서 잠깐

고등수학 과정에 가면 집합을 배우는데 원소의 개수를 셀 수 있느냐 없느냐에 따라 셀 수 있으면 '유한 집합', 셀 수 없으면 '무한 집합'이라고 해요. 그리고 원소가 하나도 없는 집합을 '공집합'이라고 하죠. 공집합은 원소의 개수를 '0개'라고 셀 수 있으므로 유한 집합에 속해요. 만약 0을 수로 받아들이지 않았다면 공집합을 유한 집합이라고 할 수 없었을 거예요.

집합

: 분명한 조건의 모임을 집합이라고 하고 집합을 이루고 있는 대상 하나하나를 원소라고 해요.

1 8020을 십의 자리에서 올림한 수와 반올림한 수의 차를 구하세요.

2 다음 (　) 안에 알맞은 수를 써서 계산 결과가 0이 되게 하세요.

(1) $(+3) + (\quad) = 0$

(2) $(\quad) + (-5) = 0$

힘센 정리

① 0은 수직선에서 원점(O)에 대응하는 수.

② 올림은 아랫자리의 숫자가 0이 아닌 경우 구하는 자리를 1만큼 올리는 일.

③ 버림은 아랫자리들을 모두 0으로 버리는 일.

④ 반올림은 아래 자리가 5 이상이면 올리고 5 미만이면 버리는 일.

05

정수

정수의 의미를 알고
정수의 사칙연산을 계산할 수 있어요.

교과연계 ∽ **초등** 자연수의 혼합계산 ∽ **중등** 정수와 유리수

한 줄 정리

정수는 **양의 정수(=자연수), 0, 음의 정수**를 통틀어 이르는 말이에요.

예시

$-3, -2, -1, 0, 1, 2, 3$

설명 더하기

정수는 자연수에 양의 부호(+)를 붙인 '양의 정수', '0', 자연수에 음의 부호(−)를 붙인 '음의 정수'를 통틀어 이르는 말이에요. 1, 2, 3과 같은 자연수가 양의 정수이고 −1, −2, −3이 음의 정수이죠. 그리고 0은 음의 정수도 아니고, 양의 정수도 아니에요.
정수의 개수는 무한개예요.

무한개

: 수의 개수가 셀 수 없을 만큼 있는 것.

문해력 UP!

정 整 가지런하다, 질서정연하다
수 數 세다, 숫자

→ 바르고 가지런한 수

정수의 덧셈: 부호를 구분하자!

① 수직선을 이용한 **같은 부호**의 덧셈

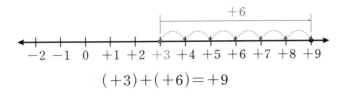

$$(+3)+(+6)=+9$$

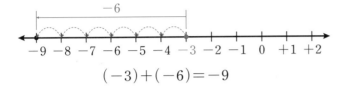

$$(-3)+(-6)=-9$$

② 수직선을 이용한 **다른 부호**의 덧셈

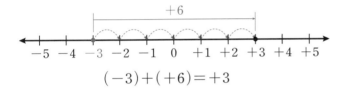

$$(-3)+(+6)=+3$$

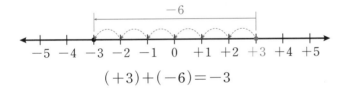

$$(+3)+(-6)=-3$$

③ 그림을 이용한 **다른 부호**의 덧셈

$(-3)+(+6)$의 계산을 그림으로 이해해 봐요.

$+1$과 -1의 합은 0이에요. 식에서 $-$가 3개 있고, $+$가 6개가 있으니까, -3 과 $+3$의 합이 0이 되고, $+$가 3개 남아요. 따라서 계산 결과는 $+3$이에요. 다음 그림과 같아요.

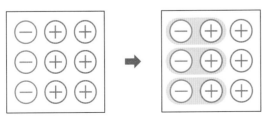

$$(-3)+(+6)=+3$$

이번에는 $(-6)+(+3)$의 계산을 그림으로 이해해 봐요. 위와 같은 방법으로 $+3$과 -3의 합이 0이 되고, 이번엔 $-$가 3개 남아요. 따라서 계산 결과는 -3이에요. 아래 그림과 같아요.

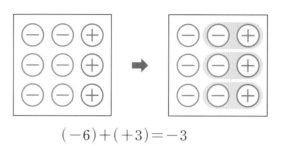

$$(-6)+(+3)=-3$$

정수의 곱셈과 나눗셈: 부호를 결정하자!

정수의 곱셈과 나눗셈에서는 부호를 먼저 결정한 후에 부호를 뗀 수들의 곱셈과 나눗셈을 계산해요. 이때 부호를 먼저 결정하는 것이 가장 중요해요. 곱셈의 원리를 잘 적용해 봐요!

예를 들어서 (-2)가 1개 있으면 -2이고, -2가 2개 있으면 -4예요. 즉 **서로 다른 부호의 곱셈은 결과가 음수**예요. 아래와 같이 곱셈의 원리를 사용하면 아래로 갈수록 2씩 증가해요.

$$
\begin{aligned}
(-2) \times 2 \quad &= \quad -4 \\
(-2) \times 1 \quad &= \quad -2 \\
(-2) \times 0 \quad &= \quad 0 \\
(-2) \times (-1) &= \boxed{}
\end{aligned}
$$
$\left.\right)+2$

위에서 보듯 $(-2) \times (-1)=(+2)$이에요. 즉 **같은 부호의 곱셈은 결과가 양수**예요.

> ① 서로 **다른** 부호의 곱셈 결과는 음수($-$)
> ② 서로 **같은** 부호의 곱셈 결과는 양수($+$)

절댓값　　　190쪽
수직선 위에서 0에 대응하는 점과 어떤 수에 대응하는 점 사이의 거리.

정수의 곱셈과 나눗셈에서는 이렇게 부호부터 결정하고 난 후에 부호를 뗀 수(절댓값)의 곱셈을 계산해요.

나눗셈의 나머지가 -1이라고?

초등수학에서는 자연수의 나눗셈만을 다루기 때문에 중등수학에서 정수의 나눗셈을 다루게 되면 혼동하는 학생이 많아요. 예를 들어서 10을 3으로 나누면 몫은 3, 나머지는 1이에요. 그럼 −10을 3으로 나누면 몫은 −4 나머지는 2이지요.

이를 식으로 나타내면,

$$-10 = 3 \times (-4) + 2$$

즉, 나머지는 나누는 수보다 항상 작은 양수이거나 0이어야 해요. 하지만 가끔 −10=3× (−3)−1로 계산해서 몫은 −3, 나머지는 −1로 계산하는 실수를 하는 학생이 있어요. 그런데 나머지가 −1이라는 것은 어떤 의미일까요?

나머지라는 것은 나누어 주고 남은 것의 개수를 뜻해요. 그럼 −1이라는 것은 1이 부족하다는 의미가 되지요. 다시 말해 3개씩 나누어 주어야 하는데 1이 부족하다는 것은 2가 남는다는 의미와 같지요! 그러므로 나머지가 −1이라는 것은 나머지가 2인 것과 같아요.

이런 경우는 수의 계산보다는 식의 계산에서 자주 볼 수 있어요. 숫자를 문자로 바꾸어서 계산했는데 혹시 나머지가 −1이 나왔다면 1이 부족한 것이라고 생각하면 돼요

여기서 잠깐
중등수학, 고등수학에 가면 식의 계산이나 나머지정리 단원에서 나머지가 음수인 경우가 가끔 있는데 이때 위의 내용을 잘 기억해 두세요!

1 다음 정수의 덧셈을 그림으로 이해하며 계산하세요.

(1) $(-4)+(-6)=$

(2) $(-5)+(+6)+(-5)=$

2 다음 정수의 곱셈과 나눗셈을 부호부터 결정한 후 계산하세요.

(1) $(+4)\times(-6)=$

(2) $(+24)\div(-6)=$

힘샘 정리

❶ 정수는 양의 정수와 0, 음의 정수를 통틀어 이르는 말.

❷ 정수의 덧셈에서 같은 부호는 부호를 뗀 수를 더하고 그 공통부호를 적는다.

❸ 정수의 곱셈과 나눗셈에서는 부호를 먼저 결정하고 부호를 뗀 수를 계산한다.

❹ 같은 부호의 곱셈과 나눗셈의 결과는 양수.

❺ 다른 부호의 곱셈과 나눗셈의 결과는 음수.

쉬어 가기
지금까지 배운 수학 용어들을 찾아보자

정	자	연	수	정	항	지	해
가	수	고	이	치	다	잘	수
유	오	칸	정	억	학	학	무
정	정	조	함	살	소	강	리
리	학	각	순	환	소	수	수
소	자	지	강	환	위	상	밭
유	리	수	토	치	정	리	분
모	진	사	이	율	유	리	수

숨어 있는 단어들

자연수, 정수, 유리수, 지수, 순환소수, 소수, 분수, 이율, 무리수, 수학

06

절댓값

절댓값의 정의를 알고
절댓값을 이용하여 정수의 사칙연산을 할 수 있어요.

교과연계 ⚬ **중등** 정수와 유리수

거리
: 수학에서 거리의 개념은 양수와 최단의 개념.

한 줄 정리

절댓값은 수직선 위에서 **0에 대응하는 점과 어떤 수에 대응하는 점 사이의 거리**를 뜻해요.

예시

-3의 절댓값은 3, $+3$의 절댓값도 3

공식 쏙쏙

점 A에서 직선 l까지의 거리는
$\overline{AC}=d_1$

설명 더하기

$+3$의 절댓값은 원점으로부터 3칸 떨어져 있으므로 3이에요. 기호로는 $|+3|=3$이에요. -3 역시 3칸 떨어져 있으므로 -3의 절댓값은 3이고, 기호로는 $|-3|=3$이에요. 이렇듯 절댓값이 3인 수는 $+3$, -3으로 2개예요.

절댓값 기호는 $|\ |$인데, 수직선에서 어떤 두 점 사이의 거리를 나타낼 때 사용하기도 해요. 예를 들어 2와 4 사이의 거리는 $|2-4|$ 이렇게 쓸 수 있어요. 즉, **두 수 a, b 사이의 거리는** $|a-b|$

절 絕 끊다, 없다
대 對 대하다, 만나다
값

→ 어떤 경우에도 변하지 않는 값

절댓값의 성질을 알아보아요

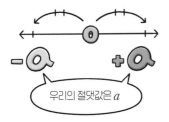

우리의 절댓값은 a

공식 쏙쏙

모든 실수 a
(유리수와 무리수)

$|a| \geq 0$

① 양수와 음수의 절댓값은 그 수의 **부호 ＋, －를 떼어낸 수**와 같아요.

② 0의 절댓값은 0이에요. $|0| = 0$

③ 수를 수직선 위에 나타낼 때, 0을 나타내는 점에서 멀어질수록 절댓값이 커져요.

④ 절댓값은 항상 0 또는 양수예요.

절댓값을 이용한 정수의 덧셈

① 같은 부호의 덧셈 → 절댓값의 합에 공통부호를 쓴다.

예를 들어서, $(-4) + (-5)$에서 두 수의 절댓값의 합은 9예요.

두 수의 공통부호가 －이므로 답은 －9입니다.

② 다른 부호의 덧셈 → 절댓값의 차를 쓰고 절댓값이 큰 수의 부호를 쓴다.

예를 들어서, $(-4) + (+9)$에서 절댓값이 4, 9이므로 차이는 5예요.

절댓값이 큰 수가 9이므로 9의 부호 ＋를 써서 답은 ＋5가 됩니다.

절댓값의 크기는 이렇게 비교해요

① 절댓값이 가장 작은 수는 0이에요.

② 절댓값의 크기는 부호를 뗀 수로 비교해요.

예 $|-5| < |+10|$, $|+5| < |-10|$

③ 양수는 절댓값이 큰 수가 더 크고, 음수는 절댓값이 작은 수가 더 커요.

예 $|+3| < |+5|$이므로 $+3 < +5$

$|-3| < |-5|$이므로 $-3 > -5$

마술사의 모자 같은 신기한 절댓값

텔레비전이나 공연장에서 마술사의 공연을 본 적이 있나요? 어떤 물건이 마술사의 모자 속에만 들어갔다 나오면 비둘기나 토끼로 변해서 나오는 모습, 참 신기하죠? 수학에서도 마술사의 모자 같은 신기한 기호가 있어요. 그것이 바로 절댓값이에요. 절댓값 기호에만 들어갔다 나오면 양수든 음수든 모두 양수로 변해서 나오니까요.

그래서 절댓값 기호는 수학에서 모든 수를 양수로 만드는 마술 기호라고 이야기한답니다. 그런데 중등수학에 가면 숫자만 다루지 않아요. 문자를 사용한 식들이 나오기 시작해요. 예를 들어 어떤 **상수**를 a라는 문자로 표현해 볼게요. 그럼 a는 양수가 될 수도 있고, 음수가 될 수도 있는 거예요. 그러니 상수 a를 절댓값 기호 안에 넣으면 결과는 양수로 나오게 되죠. 즉 $|a|$는 a가 양수이면 a로 나오지만 a가 음수이면 $-a$로 나와요.

> **상수**
>
> : 변하지 않는 일정한 값을 가진 수.

$$|a| = \begin{cases} a & (a \geq 0) \\ -a & (a < 0) \end{cases}$$

$|x|$와 같은 세로 선을 사용해서 절댓값을 처음 표현한 것은 1841년에 독일의 수학자 바이어슈트라스예요. 또한 그는 지금 쓰고 있는 '절댓값'이라는 용어를 처음으로 사용했는데, 절댓값이란 어떤 경우에도 그 값이 바뀌지 않고 '절대적으로' 존재한다는 의미에서 만들어진 용어라고 해요.

절대적으로 존재한다는 의미로 사용한 절댓값 기호! 마술사의 모자와 같이 모든 수를 양수로 만드는 절대적인 기호라고 생각하면 잊지 않고 기억할 수 있겠죠?

여기서 잠깐

중고등학생 중에서 절댓값은 양수이므로 모든 실수 a에 대하여 $|a| > 0$가 성립한다고 잘못 알고 있는 학생이 많아요. 모든 실수 a에 대하여 $|a| \geq 0$가 성립한다는 것을 잊지 마세요. 실수로 $a = 0$인 경우를 빠뜨리면 안 돼요!

1 다음 절댓값에 대한 설명 중 옳은 것을 찾고, 잘못된 것은 옳게 고치세요.

① 음수의 절댓값은 자기 자신과 같아요.

② 음수의 절댓값은 양수예요.

③ 절댓값이 0인 수는 2개예요.

④ 절댓값이 같은 수는 항상 2개예요.

⑤ 절댓값은 항상 0보다 커요.

2 다음을 절댓값을 이용해서 계산하세요.

⑴ $(+5)+(-3)+(-6)=$

⑵ $(-2)+(-6)+(+9)=$

힘센 정리

❶ 절댓값이란 수직선 위에서 0에 대응하는 점과 어떤 수에 대응하는 점 사이의 거리.

❷ 절댓값이 a인 수는 $+a$, $-a$.

❸ 정수의 덧셈에서 서로 같은 부호는 절댓값의 합에 공통인 부호를 쓴다.

❹ 정수의 덧셈에서 서로 다른 부호는 절댓값의 차에 절댓값이 큰 수의 부호를 쓴다.

07

유리수

유리수가 무엇인지 배우고
유리수의 혼합계산을 할 수 있어요.

교과연계 ∽ **초등** 분수와 소수 ∽ **중등** 정수와 유리수

정수 184쪽
−1, 0, 1처럼 양의 정수와 음의 정수, 그리고 0을 통틀어 말하는 수.

(한 줄 정리)

유리수는 분자, 분모(분모≠0)가 모두 정수인 **분수로 나타낼 수 있는 수**를 말해요.

(예시)

$1, 2, 0, -1, -2, \dfrac{1}{2}, -\dfrac{3}{5}, -0.4, 7.3$

(설명 더하기)

유리수는 정수나 분수의 형태로 나타낼 수 있는 수를 말해요. −1, 0, 1과 같은 정수는 모두

유리수예요. 그리고 $\dfrac{1}{2}, \dfrac{2}{3}$과 같은 분수도 유리수예요.

식으로 표현하면, **유리수의 정의는 $\dfrac{a}{b}(a, b$는 정수, $b \neq 0)$**이에요.

공식 쏙쏙

$$(유리수) = \dfrac{(정수)}{(0이 \ 아닌 \ 정수)}$$

유 有 있다
리 理 이치, 도리   → 이치에 맞는 합리적인 수
수 數 세다, 숫자

194

실수가 뭐예요?

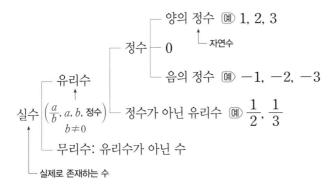

유리수의 혼합계산하는 법

혼합계산이란 사칙연산 즉 덧셈, 뺄셈, 곱셈, 나눗셈, 괄호가 섞여 있는 식을 말해요.
이럴 땐 어떤 계산을 먼저 해야 하는지 그 순서가 매우 중요하답니다!

① 괄호나 거듭제곱을 먼저 계산해요.

② 곱셈과 나눗셈을 먼저하고, 덧셈과 뺄셈을 나중에 해요.

③ 곱셈과 나눗셈에서는 먼저 나눗셈을 모두 곱셈으로 고칩니다. 그리고 음수의 개수
   에 따라 부호를 결정하죠. 이때,

음수가 홀수 개이면 답은 음수!

음수가 짝수 개이면 답은 양수!

마지막으로 모든 수의 절댓값의 곱을 구해서 앞서 결정한 부호를 붙여요.
예로 다음 문제를 풀어 볼까요? 번호를 이용해서 순서부터 정해요.

$$\left\{ \left(-\frac{1}{2}\right) \times (-4) + (+3) \right\} - 2 \div \left(-\frac{1}{2}\right)$$

① ② ③ ④

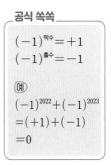

공식 쏙쏙

$(-1)^{짝수} = +1$
$(-1)^{홀수} = -1$

예

$(-1)^{2022} + (-1)^{2023}$
$= (+1) + (-1)$
$= 0$

자, 이제 순서대로 풀이 과정을 적으면서 풀어 볼까요?

$$\left\{\left(-\frac{1}{2}\right)\times(-4)+(+3)\right\}-2\div\left(-\frac{1}{2}\right)$$
$$=\{(+2)+(+3)\}-2\times(-2)$$
$$=(+5)-(-4)$$
$$=(+5)+(+4)$$
$$=+9$$

케이크 8조각을 5명이 나눠 먹으면?

케이크 하나는 8조각이에요. 하나를 4명이 나눠 먹으면 1명이 2조각씩 먹으면 돼요. 그런데 5명이 나눠 먹으면 어떨까요?

$8\div5$는 나누어떨어지지 않아요. 이럴 때는 $8\div5=\frac{8}{5}=1\frac{3}{5}$ 과 같이 유리수를 사용해 나타낼 수 있어요.

즉, 한 사람이 1조각과 $\frac{3}{5}$조각씩 먹으면 돼요.

이렇게 **정수로 표현이 힘든 수를 분수나 소수를 이용해서 표현**해요. 이것이 유리수예요. 물론 분수로 표현할 수 없는 소수가 있어요. 바로 순환하지 않는 무한소수인데 이런 수들은 유리수가 아니에요.

백쌤의 한마디

유리수의 정의는 '분수의 꼴'로 나타낼 수 있는 수라고 했어요. 그리고 분수는 비를 의미하죠. 영어로 유리수는 rational number라고 하는데요. 누군가는 ratio는 '비'를 의미하므로 유리수가 아니라 '유비수(有比數)'라고 해야 옳다고 하기도 해요.

하지만 ratio에는 '이치', '합리적인'이라는 뜻도 있어요. 옛날에 "만물의 근원은 수"라고 했던 피타고라스 학파에서 유리수만 수로 인정했던 이유도 유리수만이 합리적인 수라고 생각했기 때문이에요. 이런 의미에서 보면 '유비수'보다는 '유리수'가 더 수학적 의미를 잘 담고 있는 번역이라는 생각이 들어요.

학생들이 수학을 어려워하는 이유가 바로 이런 데에 있어요. 의도를 알 수 없는 한자어가 많고, 또한 영어나 다른 나라에서 유래한 용어가 많아 정확한 의미와 뜻을 알기 위해서는 몇 번의 번역 작업이 필요해요. 그냥 분수로 표현 가능한 수라면 '분수표현수'라고 쓴다면 좋을 텐데 말이죠. 그러면 수학 용어가 바로 이해가 되니까 개념을 받아들이기 더 쉬울 거란 생각이 들어요.

비
: 서로 다른 두 수(양)의 크기를 비교하는 것.

1 다음 유리수의 사칙연산을 계산 순서를 정해 바르게 계산하세요.

$$(-1)^{10}+(-2)^2\times\frac{1}{4}-\{(-2)+(+3)\times(-2)\}$$

2 다음 두 명의 계산 중 틀린 학생을 찾고, 그 이유를 설명하세요.

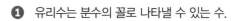

도영이 풀이

$(-12)\times(-4)\div(-2)$
$=\{(-12)\times(-4)\}\div(-2)$
$=(+48)\div(-2)$
$=-24$

서연이 풀이

$(-12)\times(-4)\div(-2)$
$=(-12)\times\{(-4)\div(-2)\}$
$=(-12)\div(+2)$
$=-6$

힘센 정리

❶ 유리수는 분수의 꼴로 나타낼 수 있는 수.

❷ 유리수의 곱셈과 나눗셈의 계산은 먼저 나눗셈을 곱셈으로 바꾼 후, 부호를 정하고, 각 수의 절댓값의 곱에 그 부호를 붙여요.

08

무리수

무리수의 정의를 알고 유리수와 무리수로 이루어진
실수와 수직선의 의미를 알 수 있어요.

교과연계 초등 분수와 소수 중등 유리수와 순환소수

실수   206쪽
수직선 위에 나타낼 수
있는 수. 유리수와 무리
수 모두.

무한소수   100쪽
소수점 오른쪽의 숫자가
모두 0이 아닌 숫자로 무
한히 계속되는 수.

허수   230쪽
제곱하여 −1이 되는 수.

한 줄 정리

무리수는 실수 중에서 유리수가 아닌 수예요. **분수로 표현할 수 없는 수**이죠.

예시

$$\sqrt{0.1}, \ -\frac{\sqrt{2}}{4}, \ \sqrt{3}, \ \pi, \ \text{자연상수 } e$$

설명 더하기

무리수는 유리수가 아닌 수이므로 분수(분모는 0이 아닌 정수, 분자는 정수)의 꼴로 나타낼 수 없어
요. 순환하지 않는 무한소수예요. 즉 **규칙 없이 끝없는 수가 이어지는 비순환소수**이죠.
유리수와 무리수를 통틀어 실수라고 하는데, 실수는 실제로 존재하는 수를 말해요. 그렇다면 실
제로 존재하지 않는 수가 있을까요? 있어요! 고등수학에서는 실제로 존재하지 않는 가짜 수인
허수를 배우게 됩니다.

문해력 UP!

무 無   없다
리 理   이치, 도리   ➔ 이치에 맞지 않는 수
수 數   세다, 숫자

수직선은 유리수만으로 채울 수 없어

수직선은 무수히 많은 유리수로 가득 채워져 있어요. 그러나 유리수로만 채워지지 않는 부분도 있어요. 수직선을 이루는 실수는 유리수와 무리수 모두를 포함하거든요. 사실 유리수와 유리수 사이에는 무수히 많은 무리수가 가득 채워져 있어요. **수많은 실수의 모임으로 이루어진 것이 바로 수직선**이랍니다.

유리수   194쪽
분자, 분모(분모≠0)가 모두 정수인 분수로 나타낼 수 있는 수.

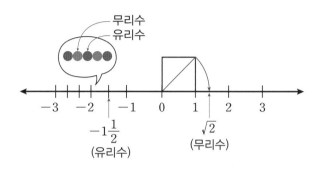

원주율은 무리수예요

소수에는 '끝이 있는 유한소수'와 '끝이 없는 무한소수'가 있어요. 그리고 무한소수에는 '일정한 규칙을 가지고 반복되는 순환소수'와 '규칙 없이 끝없는 수가 이어지는 소수인 비순환소수'가 있어요. 비순환소수인 무한소수는 분수로 나타낼 수 없고 이것을 무리수라고 해요.

원주율의 정의는 지름에 대한 원주의 비를 말해요. 그런데 이 값은 $3.141592 \cdots$ 로 끝도 없고, 규칙도 없이 이어지는 무한소수예요. 그래서 이 수를 π라고 해요. 그렇다면 끝도 없고, 분수로도 나타낼 수 없는 무리수를 어떻게 수직선 위에 나타낼 수 있을까요?

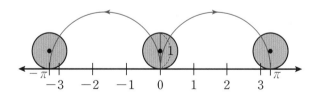

수직선에 π를 나타내는 방법은 앞에서도 소개했어요. 지름이 1인 원의 원주(원의 둘레)는 π가 돼요. 위의 그림과 같이 지름이 1인 원을 원점부터 시작하여 한 바퀴 오른쪽으로 굴리면 원주만큼 이동하게 되는데 그 점이 바로 π예요. 같은 방법으로 다시 원을 원점으로부터 왼쪽으로 한바퀴 굴리면 $-\pi$를 수직선에 나타낼 수 있게 되는 거고요. 이러한 방법을 이용하여 무리수를 수직선 위에 나타낼 수 있어요.

목숨을 건 무리수

'피타고라스의 정리'라고 들어 보았나요? 오랜 옛날에 수학자 피타고라스를 중심으로 학문을 연구하는 사람들이 있었어요. 이 사람들의 모임이 바로 피타고라스 학파예요. 피타고라스 학파는 많은 업적을 남겼는데요. 그중에서 널리 알려진 위대한 업적은 피타고라스의 정리예요. 피타고라스의 정리란, 직각삼각형에서 빗변의 제곱은 나머지 두 변의 제곱의 합과 같다는 것입니다.

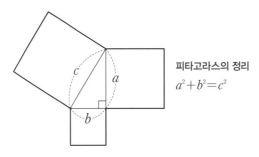

피타고라스의 정리
$$a^2 + b^2 = c^2$$

예를 들어서 세 변의 길이가 3, 4, 5인 직각삼각형에서 빗변이 5이므로 $5^2 = 3^2 + 4^2$가 성립해요. 그럼 직각을 낀 두 변의 길이가 1, 1이라면요?

$$?^2 = 1^2 + 1^2$$

1의 제곱과 1의 제곱의 합은 2이죠. 즉 $?^2 = 2$

그럼 제곱을 해서 2가 되는 수가 뭘까요? 그런 수가 있나요?

피타고라스 학파에서 히파수스가 이를 처음 알게 되었는데, 피타고라스 학파에서는 이 사실을 사람들에게 밝히지 않으려 했어요. 혹시나 피타고라스의 정리가 잘못되었을까 봐 두려웠던 것 같아요. 그 당시엔 무리수의 존재를 몰랐거든요. 그래서 피타고라스 학파는 히파수스에게 이 사실을 밝히면 죽음을 면치 못할 것이라는 협박을 했어요. 그러나 히파수스는 목숨을 걸고 세상에 이사실을 밝혔고, 그리하여 무리수의 존재가 세상에 알려지게 되었어요. 피타고라스의 정리가 잘못된 것이 아니라 우리가 알던 유리수가 전부가 아니었던 것이었지요.

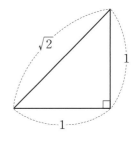

백쌤의 한마디

중고등생 중에 간혹, 유리수의 정의를 단순히 "분수인 수"로 알고 있는 학생들이 $\frac{\sqrt{2}}{3}$는 분수인데 왜 유리수가 아니냐고 질문을 해요. 유리수는 '분모는 0이 아닌 정수', '분자는 정수'라는 조건이 정말 중요해요. $\frac{\sqrt{2}}{3}$는 분자가 정수가 아니에요. 따라서 유리수의 정의에 맞지 않아요. 즉, 유리수가 아닌 수이므로 무리수가 돼요.

1 다음 중 무리수는 모두 몇 개일까요?

$$\frac{3}{5},\ 0.123123412345\cdots,\ \pi,\ -3.14,\ 0,\ \frac{1}{3}$$

2 다음 수직선 위에 점 P와 점 Q의 좌표를 구하세요.

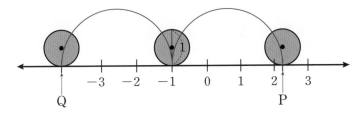

계산 과정

점 P는 −1에서 오른쪽으로 ( )만큼 이동했으므로 점 P의 좌표는 ( )

점 Q는 −1에서 왼쪽으로 ( )만큼 이동했으므로 점 Q의 좌표는 ( )

힘센 정리

❶ 무리수는 유리수가 아닌 수.

❷ 수직선은 무수히 많은 유리수와 무리수로 가득 채워져 있다.

❸ 무리수는 규칙 없이 끝없는 수가 이어지는 무한소수(비순환소수)다.

201

로그

너무 큰 수와 너무 작은 수의 표현이 가능한
로그에 대해 알 수 있어요.

교과연계 ◯◯ **고등** 지수와 로그

제곱

: 같은 수를 2번 곱한 것.

세제곱

: 같은 수를 3번 곱한 것.

log

: 고대 그리스어 Logarithm의 첫 글자 3개를 따서 만들어졌어요. '비율'을 뜻하는 말과 '수'를 뜻하는 말의 합성어예요.

한 줄 정리

두 수 x, y 사이에 $a^y = x$일 때, y는 a를 밑으로 하는 x의 로그라고 해요.

예시

$2^x = 3$이면 $x = \log_2 3$

설명 더하기

2의 제곱은 4이죠? 그럼 2를 몇 제곱하면 8이 될까요? 네, 세제곱입니다. 그렇다면 2를 몇 제곱하면 3이 될까요? 아무리 생각해도 우리가 아는 수 중에서는 찾기가 힘들어요. 그래서 만들어진 수가 바로 로그이고, 기호로 $\log$라고 써요.

$2^x = 3$이면 $x = \log_2 3$이라고 정의해요. 이때 2를 '밑'이라 하고 3을 '진수'라 해요. 즉, $a^x = b$이면 $x = \log_a b (a > 0, a \neq 1, b > 0)$입니다. 그리고 이때 a는 0보다 크고 1이 아니에요. 그리고 b는 0보다 커요. **로그를 사용해 나타낸 수는 무리수예요.**

로그 log   → '비율'＋'수'

로그의 성질은 지수에서 나와요

① $a^1=a$이므로 $\log_a a=1$
② $a^0=1$이므로 $\log_a 1=0$
③ $a^x=a$에서 $a^{xk}=a^k$, $xk=\log_a a^k$
　그런데 $x=1$이므로 $k=\log_a a^k$

예를 들어,
$\log_3 3=1$, $\log_3 1=0$, $\log_{10} 10^3=3\log_{10} 10=3$

로그 덕을 톡톡히 본 천문학자들

자주 사용하는 로그가 있어요. 대표적인 것이 밑이 10인 로그로 이를 상용로그라고 해요. 또 고등수학에서 배우는 무리수 e를 밑으로 하는 자연로그도 있어요. 상용로그는 이미 '상용로그표'라고 해서 그 값들을 다 구해 놓았어요. 물론 지금은 컴퓨터가 발달해 그 결과의 값을 바로 알 수 있지만요.

과학은 지구에서 태양까지의 거리와 같이 엄청 큰 수와 바이러스의 크기와 같이 엄청 작은 수를 다루는 학문이에요. 이때 로그를 사용하면 매우 큰 수와 매우 작은 수를 간단히 계산할 수 있어요.

예를 들어서 2^{20}의 값을 알고 싶을 때 너무 큰 수라 계산이 어려울 수 있죠. 이때 로그를 이용하면 $\log 2^{20}=20\log 2 ≒ 6.02$로 계산할 수 있어요. 또한 그 값인 6.02를 이용해서 2^{20}가 7자리의 수라는 것과 처음 자리에 오는 수가 무엇인지도 알 수 있어요. 나아가 상용로그표 중에 6.02의 값이 $\log x$가 되는 x의 값도 구할 수 있어요.

로그가 처음 세상에 알려지고 난 뒤에 이를 가장 많이 이용한 사람들이 천문학자예요. 그전까지는 별과 별 사이의 거리나 별의 밝기 등을 다룰 때 그 수가 너무 커지기 때문에 표현이 어려웠거든요. 계산도 복잡했고요. 그런데 로그를 발견하면서 계산이 쉬워져 천문학자들의 고민이 많이 줄었다고 합니다.

지금도 로그는 소리의 크기가 몇 데시벨인지를 측정할 때나 산성과 염기성의 농도를 나타내는 수소 이온의 농도를 계산할 때, 인구의 증가율이나 이율 계산을 할 때 등등 다양한 분야에서 쓰이고 있어요.

상용로그
: $\log_{10} x$와 같이 10을 밑으로 하는 로그. 보통 밑을 생략해요.
$\log_{10} x=\log x$

자연로그
: 실수 e를 밑으로 하는 로그.
$\log_e x=\ln x$

Chapter 5

실수와 제곱근의 세계

실제로 존재하는 수를
실수라고 해요.
앗! 그럼 실제로 **존재하지 않는**
수도 있을까요?
쉿, 그건 바로 …

실수

수직선을 이루는 유리수와 무리수인 실수를 알고
수의 체계에 대하여 알 수 있어요.

교과연계 ∞ **중등** 제곱근과 실수

한 줄 정리

실수는 수직선 위에 나타낼 수 있는 수로, 유리수와 무리수 전체를 말해요.

예시

유리수: $1, 2, 0, -1, -2, \dfrac{1}{2}, -\dfrac{3}{5}, -0.4, 7.3$

무리수: $\sqrt{0.1}, -\dfrac{\sqrt{2}}{4}, \sqrt{3}, \pi,$ 자연상수 e

설명 더하기

실수는 **실제로 존재하는 수**라는 뜻으로, 유리수와 무리수를 통틀어 말해요. 수직선은 무수히 많은 유리수와 무수히 많은 무리수로 이루어져 있어요. 즉, **무수히 많은 실수로 이루어진 것이 바로 수직선**이지요. 중등수학에서 다루게 되는 수는 앞으로 실수라고 생각하면 돼요.

실 實 실제, 참으로
수 數 세다, 숫자

➔ 실제로 있는 수

수의 체계를 정리해 보자

수학은 수를 다루는 학문이라 수학을 하려면 수의 체계를 정확히 알아야 해요. 지금까지 배운 수의 체계를 정리해 보면 다음과 같아요.

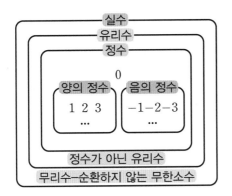

참고 자연수(양의 정수)에는 1, 소수, 합성수가 있어요. 소수는 1보다 큰 자연수 중 1과 자기 자신만을 약수로 갖는 수를 뜻합니다. 합성수는 약수가 3개 이상인 수를 뜻해요.

Tip 자연수 ┬ 약수 1개 ➜ 1(한 글자)
　　　　　├ 약수 2개 ➜ 소수(두 글자)
　　　　　└ 약수 3개 이상 ➜ 합성수(세 글자)

실수와 수직선의 관계

① 모든 유리수는 각각 수직선 위의 한 점과 짝을 이루고(대응),
　 서로 다른 두 유리수 사이에는 무수히 많은 유리수가 존재해요.

② 모든 무리수는 각각 수직선 위의 한 점과 짝을 이루고(대응),
　 서로 다른 두 무리수 사이에는 무수히 많은 무리수가 존재해요.

③ 모든 실수는 각각 수직선 위의 한 점과 짝을 이루고(대응),
　 서로 다른 두 실수 사이에는 무수히 많은 실수가 존재해요.

④ 수직선은 실수에 짝을 이루는(대응) 점으로 완전히 메워져 있어요.

스승님의 실수로 대박 난 수학자

집안 사정이 어려워서 학업을 포기할 뻔했던 한 학생이 있었어요. 그 학생의 수학적 재능을 초등학교 때 알아본 선생님의 노력으로 후원자를 찾게 되었고, 독일의 괴팅겐 대학에서 수학을 계속 공부할 수 있었죠. 대학에서 그의 스승은 매일 어려운 문제를 하나씩 주었고, 그걸 푸는 것이 그 학생에게는 기쁨이었죠. 그러던 어느 날 스승이 낸 문제가 너무나 어려워서 평소에는 아무리 어려운 문제도 몇 시간 만에 풀던 학생이 그날은 하룻밤을 꼬박 고민한 끝에 간신히 문제를 풀었어요.

기쁜 마음으로 스승에게 달려가 문제 풀이를 설명하던 그때, 스승이 떨리는 목소리로 이렇게 말했어요.

"아니, 내가 실수로 문제를 잘못 주었구나. 근데 이 문제는 지난 2000년 동안 그 누구도 풀지 못했던 수학의 난제 중에 하나인데, 어떻게!"

이 문제는 바로 정십칠각형의 작도 문제였어요. 그리고 이 문제를 고작 하룻밤 만에 푼 학생은 바로 수학의 왕이라 일컫는 수학자 가우스랍니다. 그때 가우스의 나이가 만 19세였다고 해요.

이후에도 가우스는 수학으로 수많은 업적을 남겨 세계 3대 수학자 중 한 사람이 되었어요. 가우스 스스로도 정십칠각형 작도에 대한 업적을 매우 자랑스럽게 여겼어요. 그래서 자신이 죽으면 묘비에 정십칠각형을 새겨 달라고 했다고 해요. 아쉽게도 훗날 묘비에 정십칠각형을 새기지 못했는데, 이를 기념해 독일에서 정십칠각형을 그린 가우스 우표를 발행했다고 해요. 위의 그림은 독일에서 발행한 가우스 우표예요. 우표 안을 잘 보세요. 자, 컴퍼스, 정십칠각형, 가우스의 젊은 모습이 그려져 있어요.

1 다음 중 유리수가 아닌 실수가 모두 몇 개인지 고르세요.

$$\pi, \quad -\frac{1}{3}, \quad 0.121231234\cdots, \quad \pi-1, \quad \frac{\pi}{\pi}$$

2 다음 중 실수에 대한 설명 중 옳지 않은 것을 고르세요.

① 실수는 양의 실수와 음의 실수로 구분할 수 있어요.

② 음의 실수 중에서 정수인 것을 음의 정수라 해요.

③ 무리수는 실수예요.

④ 모든 실수는 유리수와 무리수로 구분할 수 있어요.

⑤ 서로 다른 두 유리수 사이에는 무수히 많은 실수가 있어요.

힘센
정리

❶ 실수는 유리수와 무리수 모두.

❷ 수직선은 무수히 많은 유리수와 무리수로 채울 수 있다.

02

제곱

오늘
나는

제곱의 의미를 통해 넓이의 단위를 이해할 수 있어요.
제곱수를 알 수 있어요.

교과연계 ∞ **초등** 길이와 넓이 ∞ **중등** 실수와 제곱근

(한 줄 정리)

제곱은 어떤 수를 두 번 곱하는 것을 말해요.

(예시)

$1^2 = 1 \times 1 = 1, (-2)^2 = (-2) \times (-2) = 4$

(설명 더하기)

어떤 물건의 넓이를 구할 때 필요한 계산이 바로 제곱이에요. 넓이의 단위는 cm^2, m^2 등등이 있지요. 직사각형의 가로가 ○cm, 세로가 △cm일 때 이 직사각형의 넓이는 가로와 세로의 곱 ○×△로 계산하고 단위로 cm^2, 즉 제곱센티미터를 써요. 여기에서 제곱이란 **같은 수를 두 번 곱했다는 것**을 의미해요. 또는 그렇게 해서 얻어진 결과의 수를 말해요. 예를 들어서 2를 두 번 곱하면 2의 제곱이라고 하고 그 수는 4예요.

문해력 UP!

제곱   → 같은 수를 두 번 곱하다

제곱수를 구하자

3의 제곱은 몇이지요? 9가 돼죠. 이때 9를 3의 제곱수라고 해요.

$$3 \times 3 \qquad = 3^2 \qquad = 9 \text{ (3의 제곱)}$$
$$(-3) \times (-3) = (-3)^2 = 9 \text{ (−3의 제곱)}$$
└ 같은 수를 곱함.

제곱수는 어떤 수의 제곱이 되는 수를 말하며 **완전제곱수**라고도 해요. 1은 1의 제곱수, 4는 2의 제곱수, 9는 3의 제곱수, 16은 4의 제곱수죠.

제곱을 말하는 영어 square는 정사각형을 의미해요. 정사각형의 넓이를 생각하면 제곱을 이해할 수 있어요.

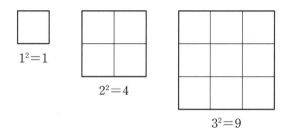

$1^2 = 1$

$2^2 = 4$

$3^2 = 9$

세제곱은 부피를 알려준다

정사각형에서 한 변의 길이를 제곱하면 넓이를 구할 수 있어요. 그럼 세제곱을 하면 어떨까요? 부피를 구할 수 있어요.

다시 말해 **정육면체의 한 모서리의 길이를 세제곱하면 부피**를 알 수 있답니다. 그래서 넓이의 단위는 cm^2, $m^2 \cdots$ 가 되고, 부피의 단위는 cm^3, $m^3 \cdots$ 가 되지요.

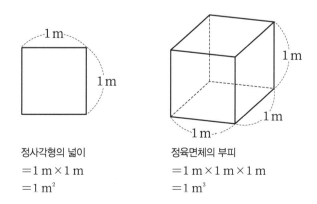

정사각형의 넓이
$= 1\,m \times 1\,m$
$= 1\,m^2$

정육면체의 부피
$= 1\,m \times 1\,m \times 1\,m$
$= 1\,m^3$

제곱수의 특징

공식 쏙쏙

짝수의 제곱
→ 4의 배수

홀수의 제곱
→ 8로 나누어 나머
지가 1

① **짝수의 제곱은 짝수**이고, **홀수의 제곱은 홀수**예요.

또한 짝수의 제곱은 4의 배수예요. 예를 들어 2의 제곱은 4, 4의 제곱은 16이에요.
또한 홀수의 제곱은 8로 나누었을 때 나머지가 1이에요. 예를 들어 3의 제곱은 9, 5
의 제곱은 25이에요. 9와 25는 8로 나누면 나머지가 1인 수예요.

② **제곱수 n^2은 1부터 연속한 n개의 홀수들의 합**으로 표현돼요.

예를 들어 2의 제곱은 1부터 연속한 2개의 홀수들의 합과 같고, 3의 제곱은 1부터 연
속한 3개의 홀수들의 합과 같아요.

$2^2 = 1 + 3$

$3^2 = 1 + 3 + 5$

$4^2 = 1 + 3 + 5 + 7$

③ **절댓값이 같은 수의 제곱은 같아요.**

예를 들어 절댓값이 같은 -3과 3의 제곱은 $(-3)^2 = 3^2 = 9$로 같아요.

잠깐! 신기한 제곱수

$$1^2 \qquad = 1$$
$$11^2 \qquad = 121$$
$$111^2 \qquad = 12321$$
$$1111^2 \qquad = 1234321$$
$$11111^2 \qquad = 123454321$$

이 원리는 $11 \times 11 = (10+1) \times (10+1) = 100 + 2 \times 10 + 1 = 121$로 계산한 것이
에요. 100이 1개, 10이 2개, 1이 1개이기 때문에 121이 되지요. 아직은 조금 어려운 내용이
라 중등수학에서 '식의 계산'에 대한 내용을 배우면 이해할 수 있어요.

1 다음 제곱 식을 계산하세요.

(1) $(-2)^2+(-3)^2 \times 2^2=$

(2) $11^2=($ $),\ ($ $)^2=12321$

2 다음 괄호 안에 알맞은 수를 쓰세요.

우리 집 거실 화장실은 1평이야. 거실이 10평이고, 방 3개의 넓이를 합하면 13평 이야. 현관이랑 주방의 넓이를 합하면 5평이고, 아! 맞다. 화장실은 거실 화장실과 넓이가 같은 안방 화장실도 있어. 그럼 총 (   )평이네. 1평이 3.3제곱미터(m^2) 이니까 우리 집은 총 (   )제곱미터야.

힘센 정리

❶ 제곱이란 같은 수를 두 번 곱한 것.

❷ 제곱을 통해서 얻어진 수를 제곱수라고 한다.

❸ 짝수의 제곱은 짝수이고, 홀수의 제곱은 홀수.

03

밑과 지수

> **오늘 나는** 거듭제곱의 의미를 이용해서 거듭제곱의 표현을 배우고 밑과 지수의 정의를 알 수 있어요.

교과연계 ∞ **초등** 자릿수 ∞ **중등** 지수법칙

한 줄 정리

a를 n번 곱하면 a^n으로 쓰고, 'a의 n제곱'이라고 읽어요.
이때 a가 밑이고, n이 지수예요.

예시

$$3 \times 3 \times 3 \times 3 = \underset{\text{밑}}{\underline{3}}^{4 \leftarrow \text{지수}}$$

설명 더하기

거듭제곱 154쪽
같은 수나 문자를 여러
번 곱한 것.

같은 수나 문자를 여러 번 곱하는 것을 거듭제곱이라고 배웠었어요. 2를 세 번 곱한 수를 $2 \times 2 \times 2 = 2^3$(2의 세제곱)이라고 하는데, 이때 곱하는 수 2를 '밑'이라고 하고 곱한 개수 3을 '지수'라고 해요. 즉 a를 n번 곱하면 a^n으로 쓰고, 'a의 n제곱'이라고 읽어요. 여기서 a가 밑이고 n이 지수예요.

문해력 UP!

밑 아래
지 指 가리키다 → 아래에 있는 수 / 가리키는 수
수 數 세다, 숫자

특별한 밑에 대한 지수

① 밑이 0일 때

　0의 거듭제곱 수를 생각해 봐요. 0은 어떤 수와 곱해도 늘 결과는 0이에요. 따라서 0의 제곱은 0이고, 0의 세제곱도 0이에요. 즉, $0^n=0$(n은 자연수)이에요.

　그런데 어떤 수의 0제곱은 1이라고 했어요. 1의 0제곱은 1, 2의 0제곱도 1이에요. 따라서 밑과 지수가 0일 때 $0^0=1$이에요.

$$0^n=0 \ (n\text{은 자연수})$$
$$0^0=1$$

② 밑이 1일 때

　1의 거듭제곱 수를 생각해 봐요. 1은 어떤 수와의 곱에 영향을 미치지 않아요. 따라서 1의 제곱은 1이고, 1의 세제곱도 1이에요. 즉, $1^n=1$(n은 자연수)이에요.

　그런데 -1의 제곱은 달라요. 음수는 곱셈할 경우 답의 부호에 영향을 미치게 돼요. -1의 제곱은 $+1$이고, -1의 세제곱은 -1이에요. -1을 짝수 번 곱하면 답의 결과는 $+1$이 되고, 홀수 번 곱하면 답의 결과는 -1이에요.

$$1^n=1 \ (n\text{은 자연수})$$
$$(-1)^n=\begin{cases} 1 & (n\text{이 짝수}) \\ -1 & (n\text{이 홀수}) \end{cases}$$

밑과 지수를 이용한 n진법

오늘날 우리는 0부터 9까지 총 10개의 숫자를 사용한 '십진법'의 방법을 이용해 수를 표현하고 있어요. 예를 들어서 437을 십진법의 전개식으로 나타내면,

$$437=400+30+7=4\times10^2+3\times10+7\times1$$

그렇다면 이 세상에 0과 1, 단 2개의 수만 존재한다면 어떨까요? 그런 세상이 있을까요? 네, 바로 컴퓨터 속의 세상이 그래요. '이진법'의 수로 만들어져 있죠. 이진법의 수 1101을 전개식으로 나타내면,

$$1101=1\times2^3+1\times2^2+1\times1$$

이를 계산하면 13으로, 즉 십진법의 수 13과 같아요.

십진법	이진법
0	0
1	1
2	10
3	11
4	100
5	101
6	110
7	111
8	1000
9	1001
10	1010

참고 십진법의 수 10과 이진법의 수 10을 구별하기 위해 이진법의 수는 $10_{(2)}$로 쓰기도 해요.

컴퓨터 회로는 어떻게 작동될까?

우리의 일상생활은 0부터 9까지 총 10개의 숫자를 이용해 수를 계산하고 있어요. 이를 십진법이라고 부른다고 했어요. 그리고 컴퓨터 속 세상은 0와 1, 단 2개로 계산하는 수의 체계를 가지고 있다고도 했어요. 과연 이진법을 쓰는 컴퓨터 회로는 어떤 원리인 걸까요?

컴퓨터는 통신을 위해서 전압이 필요해요. 전선에 전압이 '없다', '있다'를 숫자 0과 1로 이해해요. 즉 '전압이 없다'는 말은 전압 0, '전압이 있다'는 말은 전압 1로 이해해요.

또한 숫자 1은 하이(high), 0은 로우(low)로도 나타낼 수 있는데, 컴퓨터와 같은 디지털 회로는 서로 다른 전선들의 전압을 하이와 로우로 바꾸며 동작하는 거예요. 그래서 디지털 회로는 이진법의 숫자만 이해할 수 있어요. 이러한 이진법에서 각 수는 비트(bit)라고 부르는데, 비트는 이진수를 뜻하는 영어 binary digit의 줄임말이에요. 아래의 단위들은 핸드폰이나 컴퓨터의 용량을 나타내는 익숙한 표현이죠?

$$1\,KB \;=\; 1{,}024\,B$$
$$1\,MB \;=\; 1{,}024\,KB$$
$$1\,GB \;=\; 1{,}024\,MB$$
$$1\,TB \;=\; 1{,}024\,GB$$

[참고: B(바이트), KB(킬로바이트), MB(메가바이트), GB(기가바이트), TB(테라바이트)]

백쌤의 한마디

중학교 때까지는 지수가 자연수인 경우와 0까지만 배워요. 고등학교에 가면 '지수의 확장'을 배워 지수가 정수, 유리수, 실수까지 확장돼요.

1 다음을 계산하세요.

$$(-1)+(-1)^2+(-1)^3+\cdots+(-1)^{2023}$$

2 다음 ( )에 알맞은 수를 쓰세요.

이진법의 수 1110을 전개식으로 쓰고 십진법의 수로 나타내면 다음과 같아요.

$$1110=1\times 2^3+1\times(\quad)+1\times 2=(\qquad)$$

힘센 정리

❶ 거듭제곱이란 같은 수나 문자를 여러 번 곱하는 것.

❷ a를 n번 곱하면 a^n으로 쓰고, 'a의 n제곱'이라고 읽는다.

❸ 십진법이란 10개의 수를 사용하여 수를 나타내는 방법.

❹ 이진법이란 2개의 수를 사용하여 수를 나타내는 방법.

04

지수법칙

 오늘
나는

지수법칙을 배우고 이를 이용해
단항식의 계산을 할 수 있어요.

교과연계 ⇔ **초등** 약수와 배수 ⇔ **중등** 지수법칙

밑   214쪽
거듭제곱에서 곱하는 수.
a^n에서 a.

지수   214쪽
거듭제곱에서 곱한 수나
문자의 개수. a^n에서 n.

항등식 🔍

: 식에 포함된 문자에
어떤 값을 넣어도 언
제나 성립하는 등식.

예 $x+1=1+x$

[한 줄 정리]

지수법칙이란 거듭제곱을 계산할 때 나타내는 지수들 간의 법칙을 말해요.

[예시]

$2^3 \times 2^2 = 2^{3+2} = 2^5$

[설명 더하기]

앞서 거듭제곱의 표현을 이용하여 밑과 지수를 배웠어요. 지수법칙이란 이 거듭제곱을 계산할
때 나타내는 항등식을 뜻해요. 밑이 같은 수들의 거듭제곱끼리의 곱셈이나 나눗셈에서 몇 가지
법칙이 있는데, 그러한 법칙을 지수법칙이라고 해요.

 문해력 UP!

지 指   가리키다
수 數   세다, 숫자   → 지수(거듭제곱에서 곱한 수)들 간의 법칙
법칙

지수법칙의 원리: 지수의 합·곱·차·분배

① 지수의 합

예) $2^2 \times 2^3 = (2 \times 2) \times (2 \times 2 \times 2) = 2^5$

➜ $2^2 \times 2^3 = 2^{2+3} = 2^5$

② 지수의 곱

예) $(2^2)^3 = (2 \times 2) \times (2 \times 2) \times (2 \times 2) = 2^6$

➜ $(2^2)^3 = 2^{2 \times 3} = 2^6$

③ 지수의 차

예) $2^3 \div 2^2 = \dfrac{2 \times 2 \times 2}{2 \times 2} = 2$

➜ $2^3 \div 2^2 = 2^{3-2} = 2$

예) $2^2 \div 2^3 = \dfrac{2 \times 2}{2 \times 2 \times 2} = \dfrac{1}{2}$

➜ $2^2 \div 2^3 = 2^{2-3} = 2^{-1} = \dfrac{1}{2}$

예) $2^3 \div 2^3 = \dfrac{2 \times 2 \times 2}{2 \times 2 \times 2} = 1$

➜ $2^3 \div 2^3 = 2^{3-3} = 2^0 = 1$

④ 지수의 분배

예) $(2 \times 3)^2 = (2 \times 3) \times (2 \times 3) = 2^2 \times 3^2$

➜ $(2 \times 3)^2 = 2^2 \times 3^2$

> **공식 쏙쏙**
>
> $a^0 = 1, \ a^1 = a$
>
> $a^{-n} = \dfrac{1}{a^n}$
>
> (n은 자연수)

틀리기 쉬워요

$(2^2)^3 \neq 2^{2^3}$

$(2^2)^3 \neq 2^8$

지수법칙

m, n이 자연수일 때

① $a^m \times a^n = a^{m+n}$ ② $(a^m)^n = a^{mn}$

③ $m > n$이면 $a^m \div a^n = a^{m-n}$

  $m = n$이면 $a^m \div a^n = 1$

  $m < n$이면 $a^m \div a^n = \dfrac{1}{a^{n-m}}$ (단, $a \neq 0$)

④ $(ab)^m = a^m b^m$, $\left(\dfrac{a}{b}\right)^m = \dfrac{a^m}{b^m}$ (단, $b \neq 0$)

단세포생물의 이분법

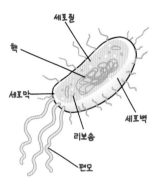

세포 분열에 대해 아나요? 지구의 생물은 단세포생물과 다세포생물로 나뉘어요. 단세포생물은 몸이 1개의 세포로 이루어져 있고, 다세포생물은 수많은 세포가 모여 몸을 이루고 있어요. 우리 인간이 바로 다세포생물이죠.

단세포생물은 세포 하나가 곧 생물 하나이기 때문에, 세포가 분열해서 늘어나면 그대로 생물의 수도 늘어나요. 이것을 무성생식이라고 하지요. 특히 세포 1개가 2개가 되면서 자손을 만드는 것을 이분법이라고 하는데, '이(二, 둘)분(分, 나누다)'이라는 말 그대로 둘로 쪼개지는 걸 뜻해요.

박테리아 1마리가 1분마다 이분법 증식을 한다면 1분이 지난 후에는 2마리, 2분이 지난 후에는 4마리, 3분이 지난 후엔 2^3, 즉 8마리가 되어 있겠지요? 다시 말해서 일정 시간(n분) 후의 박테리아 수를 계산하는 등식은,

$$박테리아 수 = 2^n$$

그렇다면 박테리아가 1000마리 이상이 되려면 얼마나 걸릴까요? $2^{10} = 1024$이므로 10분이 지난 후에 1000마리 이상이 되겠네요.

이러한 이분법을 통한 생식은 초기보다 뒤로 가면 갈수록 개체의 수가 기하급수적으로 많아지게 돼요. 실제로 박테리아를 키우는 대부분의 실험실에서는 이러한 이분법 증식의 특징을 잘 살려서 세포를 빠르게 생산하기 위해 영양소를 많이 사용해요. 그러면 개체 수가 짧은 시간 안에 무척 많아지죠.

하지만 자연에서는 어떠할까요? 만약 자연환경에서 어떤 생물의 수가 급격히 증가한다면 생태계에 큰 영향을 끼치겠죠? 다행히도 자연환경에서는 영양소가 제한적이라 박테리아가 실험실에서처럼 급격히 증가하거나 무한히 증식하기 어렵답니다.

백쌤의 한마디

지수법칙을 이용한 지수의 계산은 모두 '밑'이 같은 경우에만 가능해요. 밑이 다른 경우에 지수법칙을 하지 않도록 주의해요! 밑이 문자로 같은 경우에도 가능한데 중등수학에서 자세히 배울 거예요.

1 다음 식을 지수법칙을 이용하여 계산하세요.

(1) $3^3 \times 3^5 \div 3^3 =$

(2) $\left(3^2 \times 5^3\right)^2$

2 다음 빈칸에 알맞은 수를 쓰세요.

$7^{(\quad)} \div 7^3 \div 7 = 1$

3 박테리아 1마리가 17분마다 이분법 분열을 한다고 해요. 처음에 박테리아가 3마리였다면 51분이 지난 후에는 몇 마리가 되어 있을까요?

힘센
정리

❶ 지수법칙이란 거듭제곱을 계산할 때 나타내는 지수들 간의 법칙

❷ 지수법칙에는 지수끼리의 합, 곱, 차, 분배 등이 있다.

❸ 지수법칙은 밑이 같은 거듭제곱끼리의 계산에만 쓴다.

05

제곱근

오늘
나는

제곱근의 뜻을 알고
양수, 0, 음수의 제곱근 개수를 구할 수 있어요.

교과연계 ∞ **중등** 제곱근과 실수

한 줄 정리

제곱하여 a가 되는 수를 a의 제곱근이라고 해요.

예시

4의 제곱근은 2와 -2
4의 제곱근은 ± 2
제곱근 4는 2

설명 더하기

어떤 수 x를 제곱하여 a가 되었을 때의 x값을 'a의 제곱근'이라고 해요. 이를 식으로 정리하면
$x^2 = a\,(a \geq 0)$이고, 여기서 x를 a의 제곱근이라고 하죠. 예를 들어 제곱해서 9가 되는 수는
'9의 제곱근'이에요. 3을 제곱하면 9가 되고, -3을 제곱해도 9가 돼요. 즉 9의 제곱근은 $+3$
또는 -3이에요.

문해력 UP!

제곱   같은 수를 곱하다
근 根   뿌리, 근본   ➡ 제곱의 근본

양수, 0, 음수의 제곱근

$$\pm 4 \xrightarrow[\text{제곱근}]{\text{제곱}} 16$$

16의 제곱근은 +4, -4 이렇게 2개예요. 그렇다면 모든 수의 제곱근은 2개일까요? 제곱근이 없거나, 1개이거나, 2개 이상일 때도 있을까요?

0의 제곱근은 몇 개일까요? 0 자신 하나예요.

-9의 제곱근은 몇 개일까요? 없어요.

제곱근의 개수

① 양수의 제곱근은 양수와 음수 2개 세트예요. 그리고 그 절댓값은 서로 같아요.

② 0의 제곱근은 0이에요. 제곱하여 0이 되는 수는 0뿐이에요.

③ 음수의 제곱근은 생각하지 않아요. 양수 또는 음수를 제곱하면 항상 양수가 돼요. 즉, 제곱하여 음수가 되는 수는 없어요.

a의 부호	양수	0	음수
제곱근의 개수	2개	1개	0개
제곱근	$\pm\sqrt{a}$	0	없다

근호   226쪽
제곱수가 아닌 수들의 제곱근을 구할 때 사용하는 기호. $\sqrt{}$

제곱수를 이용한 제곱근

1의 제곱근은 +1과 1이에요. 4의 제곱근은 +2, -2이고요. 9의 제곱근은 +3, -3이지요. 그럼 289의 제곱근은 무엇일까요? 너무 큰 수라서 어렵다고요?

289의 제곱근은 +17 또는 -17이에요. 1부터 9까지의 제곱수뿐만 아니라 11부터 19까지의 제곱수도 알아두면 제곱근을 쉽게 구할 수 있어요.

제곱수   211쪽
어떤 수의 제곱이 되는 수.

$11^2 = 121, \quad 12^2 = 144, \quad 13^2 = 169$

$14^2 = 196, \quad 15^2 = 225, \quad 16^2 = 256$

$17^2 = 289, \quad 18^2 = 324, \quad 19^2 = 361$

걸리버 여행기에 나오는 제곱근

어릴 적 읽은 걸리버 여행기 기억하나요? 걸리버는 자신의 키의 $\frac{1}{12}$ 배인 사람들이 사는 소인국에 가게 돼요. 소인국 황제는 걸리버의 한 끼 식사로 백성들에게 1728인분을 만들라고 하죠. 왜 그럴까요? 걸리버의 부피가 소인국 사람 1명 부피의 1728배이기 때문이에요.

부피＝가로 × 세로 × 높이

1728＝12배 × 12배 × 12배

여기서 깜짝 퀴즈!

Q 걸리버의 옷을 만든다면 소인국 사람 1명의 옷을 만드는 옷감의 몇 배가 필요할까요?

참고로 넓이를 구하는 공식은 (가로 × 세로)예요.

깜짝 퀴즈의 정답은?

A 144배예요. 144의 제곱근이 12이기 때문이지요.

백쌤의 한마디

"한번 틀렸던 문제를 계속 틀려요. 오답 노트를 꼭 써야 하나요?"

수학에서 오답에 대한 확실한 정리는 정말 중요하죠. 한 단원에 대한 개념을 완벽히 공부했다면 그다음은 문제를 풀면서 개념을 적용하는 훈련을 해야 해요. 그러다 오답이 생기면 그 오답을 통해 부족한 개념을 다시 채워야 해요. 그런데 틀린 문제의 해설을 보고 난 뒤 이해가 되었다고 그냥 넘어가는 경우가 많아요.

간혹 이해력은 좋은데 문제풀이 능력은 부족한 경우가 있어요. 눈으로만 수학을 하는 학생들이 그래요. 자신의 힘으로 문제를 다시 풀어야 문제풀이 능력을 키울 수 있어요. 오답이 생기면 해설을 보기 전에 자신이 어디에서 틀렸는지 고민해 보는 게 중요해요. 그 과정에서 수학적 사고가 커진답니다.

왜 틀렸는지를 꼭 빨간 볼펜으로 적어 두세요. 조건을 잘못 봤는지, 계산 실수가 있었는지, 개념이 부족했는지 등등이요. 그러고는 포스트잇을 붙이고 다시 혼자 힘으로 처음부터 끝까지 풀어요. 그럼 나중에 포스트잇으로 틀린 문제를 찾아 복습하기 좋아요. **앞으로 오답을 줄이고 싶다면** 시간이 걸리더라도 질문하기 전에 고민을 먼저 해보세요. 그리고 직접 내 손으로 처음부터 끝까지 풀어서 내 것으로 만드세요.

1 다음 물음에 답하세요.

(1) $(-2)^4$의 제곱근은 (）입니다.

(2) 256의 제곱근은 (）이고, 제곱근 225는 (）입니다

2 넓이가 169제곱센티미터(cm^2)인 정사각형과 넓이가 98제곱센티미터인 직각이등변삼각형이 있어요. 정사각형 한 변의 길이와 직각이등변삼각형의 빗변이 아닌 다른 변의 길이 중에 어느 것이 얼마나 더 길까요?

┌─ 해결 과정 ─

넓이가 169제곱센티미터인 정사각형 한 변의 길이는 (）센티미터예요. 그리고 넓이가 98제곱센티미터인 직각이등변삼각형의 빗변이 아닌 다른 변의 길이는 (）센티미터예요. 따라서 (）이 (）센티미터 더 길어요.

힘센
정리

❶ 제곱근이란 어떤 수 x를 제곱하여 a가 되었을 때의 x값.
❷ 양수의 제곱근은 2개.
❸ 0의 제곱근은 1개.
❹ 음수의 제곱근은 0개.

06

근호

> **오늘 나는**
> 근호의 의미를 알고
> 근호를 포함한 수를 수직선에 나타낼 수 있어요.

교과연계 ∽ **중등** 제곱근과 실수

제곱수　211쪽
어떤 수의 제곱이 되는
수.

[한 줄 정리]

제곱수가 아닌 수들의 제곱근을 구할 때 사용하는 기호 $\sqrt{}$, $^n\!\sqrt{}$ 를 근호라고 해요.

[예시]

3의 제곱근은 $\pm\sqrt{3}$

[설명 더하기]

4의 제곱근은 $+2$ 또는 2예요. 4는 완전제곱수예요. 그래서 4의 제곱근을 바로 찾을 수 있어요. 그러면 3의 제곱근은 무엇일까요? 3은 제곱수가 아니라서 찾기가 힘들어요. 그래서 등장하게 된 것이 바로 근호예요. 이렇게 제곱수가 아닌 수의 제곱근을 구할 때 근호를 사용하는데 근호는 제곱근을 나타내는 기호예요.

제곱근의 '근'은 한자로 뿌리를 뜻하고, 뿌리는 영어로 root(루트)라고 해요. 이 영어 단어의 첫 글자 'r'로 만든 기호가 바로 $\sqrt{}$ 예요. 예를 들어 '제곱근 3'을 기호로는 $\sqrt{3}$으로 쓰고 읽을 때에는 '루트3'이라고 읽어요.

$$\text{root}$$
$$\downarrow$$
$$r \rightarrow \mathcal{r} \rightarrow \sqrt{} \rightarrow \sqrt{}\ (근호)$$

문해력 UP!

근 根　뿌리, 근본
호 號　기호, 부호

→ 제곱의 근본(제곱근)이 되는 기호

a의 제곱근과 제곱근 a

음수가 아닌 수 a의 제곱근은 제곱해서 a가 되는 수이므로 $\sqrt{a}$, $-\sqrt{a}$이에요. 이때 $\sqrt{a}$를 '양의 제곱근', $-\sqrt{a}$를 '음의 제곱근'이라고 해요. 읽을 때에는 간단히 '루트에이', '마이너스 루트에이'라고 읽어요.

이렇듯 양수 a의 제곱근은 2개죠.

그런데 **제곱근 a는 이 두 가지 제곱근 중에서 양수**를 뜻해요. 기호로는 $\sqrt{a}$이에요.

'a의 제곱근'과 '제곱근 a'를 잘 구별해서 알아두세요.

제곱근   222쪽
어떤 수 x를 제곱하여 a
가 되었을 때의 x값.

a의 제곱근	$\pm\sqrt{a}$
제곱근 a	$\sqrt{a}$

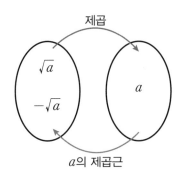

실수를 수직선에 나타내자

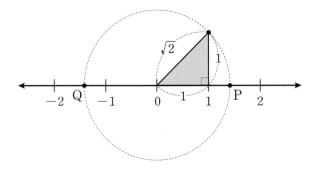

위의 수직선에서 점 P와 점 Q의 좌표를 어떻게 구할까요? 출발점(원점)을 기준으로 각각 오른쪽과 왼쪽으로 $\sqrt{2}$만큼 이동한 점들이죠.

즉, 점 P와 점 Q의 좌표는 P($\sqrt{2}$), Q($-\sqrt{2}$)예요.

색종이 접기에 숨은 무리수

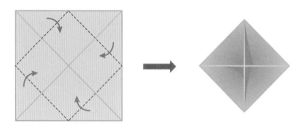

앞은 노란색이고 뒤는 초록색인 정사각형 모양의 색종이가 있어요. 가로와 세로의 길이가 서로 같고 넓이가 10제곱센티미터(cm^2)예요. 이 색종이를 접어서 다시 정사각형을 만들었어요. 이때 만들어진 정사각형 한 변의 길이를 어떻게 구할 수 있을까요?

넓이를 이용하면 돼요. 넓이 10제곱센티미터에서 반으로 줄었으므로 5제곱센티미터이고, 그럼 한 변의 길이는 5의 제곱근 중 양수인 $\sqrt{5}$센티미터랍니다.

이렇듯 우리의 일상생활에는 자연수만 있는 게 아니에요. 오히려 근호를 이용한 수와 무리수가 훨씬 더 많이 있답니다.

무리수   198쪽
실수 중에서 유리수가 아닌 수. 분수로 나타낼 수 없다.

여기서 깜짝 퀴즈!

Q1 위에서 만든 정사각형을 같은 방법으로 다시 접어서 정사각형을 만든다면 이 정사각형의 넓이는 몇 제곱센티미터가 될까요?

Q2 위에서 만든 정사각형의 한 변의 길이는 몇 센티미터일까요?

깜짝 퀴즈의 정답은?

A1 5제곱센티미터에서 반으로 줄었으므로 $\dfrac{5}{2}$ 제곱센티미터

A2 넓이가 $\dfrac{5}{2}$ 제곱센티미터인 정사각형이므로 한 변의 길이는 $\dfrac{5}{2}$의 양의 제곱근인 $\sqrt{\dfrac{5}{2}}$ 센티미터

1 다음 중 색칠한 부분에 속하는 수는 모두 몇 개일까요?

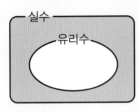

$$\sqrt{2}-1, \sqrt{(-3)^2}, \frac{1}{2}, 2\sqrt{2}-2\sqrt{2}, 0, 3.14, \pi$$

2 다음 수직선 위의 점 P와 점 Q의 좌표를 구하세요.

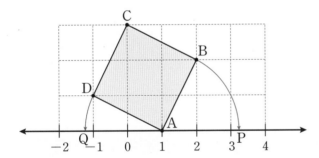

힘센 정리

① 음수가 아닌 수 a의 제곱근은 $\sqrt{a}$, $-\sqrt{a}$

② $\sqrt{a}$ 는 'a의 양의 제곱근', $-\sqrt{a}$ 는 'a의 음의 제곱근'

③ 제곱근 a는 $\sqrt{a}$

허수

허수에 대한 정의와
복소수가 무엇인지 알 수 있어요.

교과연계 ∽ **고등** 복소수

한 줄 정리

허수 i는 제곱하여 -1이 되는 수예요.

예시

$i^2 = -1$일 때, i는 허수

참고 i는 영어 imaginary의 첫 글자로 '가상의 수'를 뜻해요.

설명 더하기

실수 206쪽
수직선 위에 나타낼 수
있는 수. 유리수와 무리
수 모두.

제곱해서 음수가 되는 수는 없지요? 양수를 제곱해도, 음수를 제곱해도 결과는 양수니까요. 그
래서 수학자들은 **실제로 존재하지 않는 수**인 허수를 만들었어요. 제곱을 해서 -1이 되는 수
를 i (허수)라고 약속한 것이죠. 즉, $i^2 = -1$이에요. 허수는 실수의 반대말인 셈이죠.
한편 실수와 허수의 합으로 이루어진 수를 복소수라고 해요. 복소수는 $a+bi$ (a, b는 실수)예
요.

문해력 UP!

허 實 없다, 비어 있다
수 數 세다, 숫자 → 존재하지 않는 수(가짜 수)

허수 i는 순환해요

허수 i를 거듭제곱하면 다음과 같이 계속 돌고 돌아 순환한다는 것을 알 수 있어요.

거듭제곱　154쪽
같은 수나 문자를 여러 번 곱한 것.

$$i = i$$
$$i^2 = -1$$
$$i^3 = i^2 \times i = (-1) \times i = -i$$
$$i^4 = (i^2)^2 = (-1)^2 = 1$$
$$i^5 = i^4 \times i = 1 \times i = i$$
$$\cdots$$

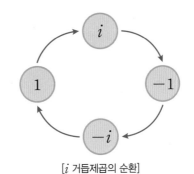

[i 거듭제곱의 순환]

복소수의 수의 체계를 정리해 보자

$$
\text{복소수}\ \underset{(a,\,b\text{는 실수})}{a+bi}
\begin{cases}
\text{허수} \\ (b \neq 0) \\[2em]
\text{실수} \\ (b = 0)
\end{cases}
\begin{cases}
\text{유리수} \\[1em]
\text{무리수}
\end{cases}
$$

불가능을 가능으로 만든 허수

이름 그대로 '가짜 수'인 허수가 왜 필요할까 싶지만, 현대 과학에서 허수는 없어서는 안 되는 중요한 수예요. 20세기 이후 물리학은 양자역학이 지배했다고 할 수 있는데요. 관측 가능한 세계는 '실수'로 설명할 수 있었으나 관측이 불가능한 양자의 세계는 '실수'로 설명할 수 없었어요.

눈으로 볼 수 없는 세계를 설명해야 할 때 빛을 발하는 게 바로 '허수'랍니다. 양자역학에서 파동을 계산할 때 처음에는 아주 복잡한 미분, 적분을 해야만 했어요. 그런데 허수가 등장하면서 간단하게 값을 나타낼 수 있게 되었죠.

허수의 정의 '$i^2 = -1$' 하나로 우리의 세계는 아주 크게 확장되었답니다. 오늘날 최첨단 과학에 허수가 다양하게 이용돼요. 허수가 없었다면 지금 우리는 스마트폰이나 초고속 인터넷 등을 쓸 수 없었을 거예요.

EBS 수학의 백신과 함께 중등수학 완벽대비

수학의 문해력

정답과 풀이

① 자연수의 세계

01 자연수 본문 17쪽

1 (1) 25

（계산 과정）

$18-5+60÷5$

$=18-5+(\ 12\ )$: 나눗셈 먼저

$=(\ 13\ )+(\ 12\ )$: 뺄셈, 덧셈

$=(25)$

（해설）

곱셈과 나눗셈을 가장 먼저 계산해요. 그리고 앞에서부터 차례로 계산해요.

$18-5+60÷5=18-5+12=13+12=25$

(2) 15

（계산 과정）

$20-(12+23)÷7$

$=20-(\ 35\ )÷7$: 괄호 안 계산 먼저

$=20-(\ 5\ )$: 나눗셈 먼저

$=(\ 15\ )$

（해설）

괄호를 먼저 계산해요. 그리고 나눗셈을 먼저 계산해요.

$20-(12+23)÷7=20-35÷7=20-5=15$

2 (1) $3000÷5=600$(원)

(2) $1200+3000÷5$

(3) $1200+3000÷5-1400=400$(원)

02 짝수 본문 21쪽

1 (1) 49개

（풀이1）

1부터 100 사이의 짝수의 개수는 1부터 (98)까지의 짝수의 개수와 같아요.

즉, 마지막 짝수인 자연수가 98이므로 98을 (2)로 나눈 (49)개예요.

（풀이2）

1부터 100까지의 짝수의 개수는 100을 (2)로 나눈 (50)개예요. 따라서 1부터 100 사이의 짝수의 개수는 (1)개를 제외한 (49)개예요.

(2) 56개

（해설）

1부터 126까지의 자연수에서 짝수는 63개예요. 1과 14까지의 자연수에서 짝수는 7개예요. 따라서 14부터 128 사이의 짝수는 $63-7=56$개입니다.

2 7가지

（해설）

두 수의 곱이 짝수가 나오려면 둘 중에 하나라도 짝수가 있어야 합니다. 주사위 두 번 중에 한 번은 짝수가 나오거나, 둘 다 짝수가 나와야 하는 것이죠. 이를 위해 전체 가짓수에서 두 번 모두 홀수인 가짓수를 빼면 쉽습니다. $36-9=27$(가지)

03 홀수 본문 25쪽

1 19

（풀이）

연속한 세 홀수는 (2)씩 커지는 수예요. 가운데 있는 수를 기준으로 앞에 수는 (2)만큼 작고, 뒤에 수는 (2)만큼 커요. 합이 51이므로 51을 (3)으로 나누면 가운데 수인 (17)이 돼요. 즉, 연속한 세 홀수 중 가장 큰 수는 (17)보다 (2)만큼 큰 (19)입니다.

2 (1) 짝수

(2) 홀수

(3) 짝수

04 자릿수   본문 29쪽

1   (1) (백의 자리의 수가 7인 수이므로) 700
     (2) (천의 자리의 수가 6인 수이므로) 6000

2   63

(풀이)

십의 자리의 수가 일의 자리의 수의 2배인데 각 자릿수의 합이 9이므로 십의 자리의 수와 일의 자리의 수의 합은 (3)의 배수예요.
즉, 9를 (3)으로 나누면 (3)이 되고, 이 수는 일의 자리의 수가 돼요. 십의 자리의 수는 이 수의 (2)배인 (6)이 돼요. 결국 구하고자 하는 두 자리의 자연수는 (63)이에요.

3   4676이 되고, 이는 503만큼 커진 수예요.

(해설)

4173에서 백의 자릿수를 5장 높은 수로 바꾸면 1에서 6이 됩니다. 그리고 일의 자릿수를 3장 높은 수로 바꾸면 3에서 6이 돼요. 그래서 4676이 되죠.

05 만, 억, 조   본문 33쪽

1   (1) (풀이) 앞의 7은 (700000) 뒤에 8은 (800)이에요.
     (2) (풀이) 앞에 6은 (600000) 뒤에 3은 (3)이에요.

2   6개

(해결 과정)

자릿수가 같으므로 (높은) 자리 숫자부터 차례로 비교해요. 앞의 두 자리 숫자가 같으므로 (6)과 □를 비교해 봐요. 주어진 조건을 만족하려면 (6)보다 (작은) 수여야 해요. 따라서 □ 안에 들어갈 수 있는 알맞은 숫자는 (0, 1, 2, 3, 4, 5) 이므로 (6)개입니다.

06 소수   본문 37쪽

1   (1) 4개

(해설)

10보다 작은 소수는 2, 3, 5, 7

(2) 3개

(해설)

9보다 작은 소수는 2, 3, 5, 7입니다. 그중에 홀수는 3, 5, 7 즉 3개입니다.

(3) 1개

(해설)

소수 중에 짝수는 2 하나뿐이에요. 그러니 50보다 작은 소수 중에 짝수는 1개입니다.

2   4개

(해결 과정)

가장 작은 소수부터 4개는 (2, 3, 5, 7)입니다. 즉, (8)보다 작은 소수는 4개입니다. (9)보다 작은 소수도 4개입니다. (10) 또는 (11)보다 작은 소수도 4개입니다. 그러나 (12)보다 작은 소수는 5개입니다. 따라서 어떤 자연수보다 작은 소수의 개수가 4개이면 그 자연수는 (8 ,9, 10, 11) 이렇게 (4)개입니다.

07 인수   본문 41쪽

1   (1) 6의 인수는 1, 2, 3, 6이고, 그중에 2, 3은 소수입니다.
     (2) 1, 2, 4   (3) 1, 2   (4) 1

2   6개

(풀이)

총 (4)명이 초콜릿 (24)개를 나누어 먹었어요. 이때 (24)를 (4)와 (6)의 곱으로 나타낼 수 있으므로 1명이 (6)개씩 먹었어요

② 분수와 소수의 세계

01 분수 본문 51쪽

1 (1) 0.375

(풀이1)

$$8)\overline{3}^{0.375}$$
$$\underline{24}$$
$$60$$
$$\underline{56}$$
$$40$$
$$\underline{40}$$
$$0$$

(풀이2)

$$\frac{3}{8}=\frac{3}{8\times125}=\frac{375}{1000}=0.375$$

(2) 0.35

(풀이1)

$$20)\overline{70}^{0.35}$$
$$\underline{60}$$
$$100$$
$$\underline{100}$$
$$0$$

(풀이2)

$$\frac{7}{20}=\frac{7\times5}{20\times5}=\frac{35}{100}=0.35$$

2 시우는 전체의 $\frac{1}{4}$을 먹고 나머지 아이들은 전체의 $\frac{3}{4}$을 먹었어요.

(해설)

8조각을 시우, 시연, 친구 2명 즉, 총 4명이 똑같이 나눠 먹게 되므로 한 사람이 2조각씩 먹게 됩니다. 따라서 시우는 전체의 $\frac{1}{4}$을 먹고, 시우를 뺀 나머지 아이들은 전체의 $\frac{3}{4}$을 먹었어요.

02 분모와 분자 본문 55쪽

1 (1) $\frac{1}{7}$, $\frac{1}{5}$, $\frac{1}{2}$

(해설)

분자가 같을 때, 분모가 커지면 그 분수는 작아져요.

(2) $\frac{2}{6}$, $\frac{4}{6}$, $\frac{5}{6}$

(해설)

분모가 같을 때, 분자가 작으면 그 분수는 작아져요.

2 $2\frac{1}{7}$

(해결 과정)

효진이가 어제 받은 초콜릿의 수는 ($5\frac{2}{7}$)개이고, 오늘 동생에게 준 초콜릿의 수는 ($3\frac{1}{7}$)개입니다. 이 두 수를 빼기 위해서는 자연수는 자연수끼리, 진분수는 진분수끼리 계산해요. ($5\frac{2}{7}-3\frac{1}{7}=2\frac{1}{7}$) 이므로 답은 ($2\frac{1}{7}$)개입니다.

03 공통분모 본문 59쪽

1 (1) $\frac{14}{15}$

(풀이)

$$\frac{3}{5}+\frac{1}{3}=\frac{3\times③}{5\times③}+\frac{1\times⑤}{3\times⑤}=\frac{⑨+⑤}{15}=\frac{⑭}{15}$$

(2) $2\frac{13}{20}$

(풀이)

$$5\frac{1}{4}-2\frac{3}{5}=5\frac{1\times⑤}{4\times⑤}-2\frac{3\times④}{5\times④}=4\frac{㉕}{20}-2\frac{⑫}{20}$$
$$=②\frac{⑬}{20}$$

2 $\dfrac{1}{12}$

해설

$\dfrac{3}{4} = \dfrac{3 \times 3}{4 \times 3} = \dfrac{9}{12}$, $\dfrac{2}{3} = \dfrac{2 \times 4}{3 \times 4} = \dfrac{8}{12}$ 이므로 1시간

에 $\dfrac{9}{12} - \dfrac{8}{12} = \dfrac{1}{12}$ 만큼 채울 수 있어요.

04 통분   본문 63쪽

1 (1) $\dfrac{18}{30}$, $\dfrac{9}{30}$, $\dfrac{6}{30}$

(2) $\dfrac{10}{18}$, $\dfrac{3}{18}$

2 $\dfrac{15}{8}$

풀이

$\dfrac{3}{4} \div \dfrac{2}{5} = \dfrac{3 \times ⑤}{4 \times ⑤} \div \dfrac{2 \times ④}{5 \times ④} = \dfrac{⑮}{20} \div \dfrac{⑧}{20} = \dfrac{⑮}{⑧}$

3 소년 시절은 일생의 ($\dfrac{1}{6}$), 청년 시절은 일생의

($\dfrac{1}{12}$), 혼자 산 기간은 일생의 ($\dfrac{1}{7}$), 결혼 후 아

들을 낳을 때까지의 기간은 (5)년, 아들과 함께 살

았던 시절은 일생의 ($\dfrac{1}{2}$), 아들이 죽은 후 사망할

때까지의 기간은 (4)년이다. 여기에서 나오는 분

수 ($\dfrac{1}{6}$, $\dfrac{1}{12}$, $\dfrac{1}{7}$, $\dfrac{1}{2}$)을 (84)로 통분하면 ($\dfrac{14}{84}$,

$\dfrac{7}{84}$, $\dfrac{12}{84}$, $\dfrac{42}{84}$)가 된다. 따라서 디오판토스의

일생은 (84)년이라는 것을 알 수 있다.

05 단위분수   본문 67쪽

1 $\dfrac{5}{9} = \dfrac{1}{(18)} + \dfrac{1}{(2)}$

계산 과정

$\dfrac{1}{9}$의 동치분수 $\dfrac{5}{9} = \dfrac{10}{18} = \dfrac{15}{27} = \cdots$중에서 분모 9보

다 1이 큰 동치분수를 찾아요. 분모 9보다 1이 큰 10

을 분자로 갖는 동치분수는 ($\dfrac{10}{18}$)이에요.

$\dfrac{5}{9} = \dfrac{5 \times ②}{9 \times ②} = \dfrac{10}{⑱} = \dfrac{1}{⑱} + \dfrac{9}{⑱} = \dfrac{1}{⑱} + \dfrac{1}{②}$

따라서 답은 $\dfrac{5}{9} = \dfrac{1}{(18)} + \dfrac{1}{(2)}$

2 $\dfrac{9}{22}$

계산 과정

공식 $\dfrac{1}{A \times (A+1)} = \dfrac{1}{A} - \dfrac{1}{A+1}$ 을 이용해요.

$\dfrac{1}{2 \times 3} = \dfrac{1}{②} - \dfrac{1}{③}$

$\dfrac{1}{3 \times 4} = \dfrac{1}{③} - \dfrac{1}{④}$

$\cdots$

$\dfrac{1}{10 \times 11} = \dfrac{1}{⑩} - \dfrac{1}{⑪}$

따라서 $\dfrac{1}{2 \times 3} + \dfrac{1}{3 \times 4} + \cdots + \dfrac{1}{10 \times 11}$

$= \left(\dfrac{1}{②} - \dfrac{1}{③} \right) + \left(\dfrac{1}{③} - \dfrac{1}{④} \right) + \cdots + \left(\dfrac{1}{⑩} - \dfrac{1}{⑪} \right)$

$= \dfrac{1}{②} - \dfrac{1}{⑪} = \dfrac{⑪ - ②}{㉒} = \dfrac{9}{22}$

06 기약분수   본문 71쪽

1 (1) $\dfrac{351}{999} = \dfrac{39}{111} = \dfrac{13}{37}$

(2) $\dfrac{34}{51} = \dfrac{2}{3}$

2 2개

해결 과정

$\dfrac{1}{3}$, $\dfrac{5}{6}$를 분모가 12인 분수로 통분해요.

$\dfrac{1}{3} = \dfrac{1 \times ④}{3 \times ④} = \dfrac{④}{⑫}$, $\dfrac{5}{6} = \dfrac{5 \times ②}{6 \times ②} = \dfrac{10}{12}$

$\frac{④}{12}$보다 크고 $\frac{⑩}{12}$보다 작은 분모가 12인 분수는

$(\frac{5}{12}, \frac{6}{12}, \frac{7}{12}, \frac{8}{12}, \frac{9}{12})$입니다. 이 중에서 기약

분수는 $(\frac{5}{12}, \frac{7}{12})$이에요. 따라서 (2)개입니다.

07 진분수와 가분수   본문 75쪽

1 (1) $\frac{2}{7}, \frac{2}{5}, \frac{2}{3}$　　　(2) $\frac{2}{6}, \frac{4}{6}, \frac{5}{6}$

2 (1) $\frac{3}{8} + \frac{2}{8} - \frac{1}{8} = \frac{3+2-1}{8} = \frac{4}{8} = \frac{1}{2}$

(2) $\frac{1}{2} + \frac{1}{4} - \frac{1}{12} = \frac{6}{12} + \frac{3}{12} - \frac{1}{12}$

$= \frac{6+3-1}{8} = \frac{8}{12} = \frac{2}{3}$

08 대분수   본문 79쪽

1 (1) $6\frac{2}{11}$

계산 과정

$5\frac{13}{11}$

$=5+(\frac{13}{11})$ 〉 $5\frac{13}{11}$ 을 합의 형태로 만든다.

$=5+(1\frac{2}{11})$ 〉 $\frac{13}{11}$ 을 대분수로 만든다.

$=6\frac{2}{11}$ 〉 5와 1을 더한다.

(2) $5\frac{7}{5}$

계산 과정

$6\frac{2}{5}$

$=5+1\frac{2}{5}$ 〉 6을 5+1로 만든다

$=5+\frac{7}{5}$ 〉 $1\frac{2}{5}$ 를 가분수로 만든다.

$=5\frac{7}{5}$ 〉 $5+\frac{7}{5}$ 을 $5\frac{7}{5}$ 로 만든다.

2 (1) $5\frac{3}{8} + 3\frac{2}{8} = 8\frac{5}{8}$

(2) $5\frac{2}{7} - 3\frac{3}{7} = 4\frac{9}{7} - 3\frac{3}{7} = 1\frac{6}{7}$

3 5

해설

$4\frac{9}{(5)} = 5\frac{4}{(5)}$

두 분수의 분모가 같으므로 분자의 크기만 생각해요.

그리고 대분수의 자연수 부분이 차이가 나므로

$1 \times (\quad) + 4 = 9$를 만족하는 $(\quad) = 5$입니다.

09 소수   본문 83쪽

1 (1) 0.75

풀이

분모 4를 10의 거듭제곱이 되도록 (25)를 곱해요.

$\frac{3}{4} = \frac{3 \times ②⑤}{4 \times ②⑤} = \frac{⑦⑤}{100} = (0.75)$

(2) 0.15

풀이

분모 20을 10의 거듭제곱이 되도록 (5)를 곱해요.

$\frac{3}{20} = \frac{3 \times ⑤}{20 \times ⑤} = \frac{①⑤}{100} = (0.15)$

2 160 / 0.3

계산 과정

1m는 100cm와 같으므로 1.6m=(160)cm이고,

$160.3 - 160 = (0.3)$cm

10 소수의 자릿값   본문 87쪽

1 (1) 0.1이 4개, 0.01이 5개인 소수는 (0.45)이

고, (영 점 사오)라고 읽어요.

(2) $0.012 - 0.002 = (0.01)$

2 3.74리터

2 3.74리터

（해결 과정）

현재 들어 있는 음료수의 양은 $(1.24 + \dfrac{1}{5} = 1.21 +$

$\dfrac{2}{10} = 1.24 + 0.2 = 1.26)$리터입니다.

따라서 $(5 - 1.26 = 3.74)$리터를 더 넣어야 가득 찹니다.

11 소수의 크기　본문 91쪽

1 $\dfrac{5}{8}$

（해결 과정）

분수를 모두 소수로 고쳐요.

$\dfrac{5}{8} = \dfrac{5 \times \boxed{125}}{8 \times \boxed{125}} = \dfrac{\boxed{625}}{1000} = (0.625)$

$\dfrac{5}{8} = (0.625)$, 0.6, $\dfrac{61}{100} = (0.61)$, $\dfrac{7}{10} = (0.7)$

작은 수부터 크기순으로 나열하면 $(0.6 < 0.61 <$

$0.625 < 0.7)$이므로 세 번째 올 수는 $(\dfrac{5}{8})$이에요.

2 8.3킬로미터

（해결 과정）

가장 먼 코스는 (6)번 코스로 (9.6)킬로미터이고, 가장 가까운 코스는 (3)번 코스로 (1.3)킬로미터예요. 따라서 $(9.6) - (1.3) = (8.3)$킬로미터 차이가 나요.

12 소수점　본문 95쪽

1
$3.14 \times 1 \quad = (3.14)$
$3.14 \times 0.1 \ = (0.314)$
$3.14 \times 0.01 = (0.0314)$
$3.14 \times 10 \ \ = (31.4)$
$3.14 \times 100 = (314)$

2 21킬로미터

（해결 과정）

10일 동안 짝수 날은 (5)일, 홀수 날은 (5)일이에요. 따라서 은영이가 걸은 총 거리를 식으로 나타내면 $((2.3 + 1.9) \times 5 = 4.2 \times 5 = 21)$이므로, 10일 동안 걷게 되는 총 거리는 (21)킬로미터예요.

13 유한소수　본문 99쪽

1 4개

（해설）

① $\dfrac{2}{5} = 0.4$, 0.34, $\dfrac{1}{4} = 0.25$, 0.0001이므로 유한소수는 4개

② $\dfrac{2}{5}$ 분모의 소인수가 5이므로 유한소수

$\dfrac{1}{4}$ 분모의 소인수가 2이므로 유한소수

$\dfrac{2}{5} = 0.4$, 0.34, $\dfrac{1}{4} = 0.25$이므로 유한소수는 4개

2 $7 \div 20 = \dfrac{7}{20} = \dfrac{7 \times (5)}{20 \times (5)} = \dfrac{(35)}{(100)} = (0.35)$

14 무한소수　본문 103쪽

1 (1) $\dfrac{1}{6} = 0.1666\cdots\cdots$ (무한소수)

(2) $\dfrac{3}{25} = \dfrac{12}{100} = 0.12$ (유한소수)

2

$1.25555\cdots = x$라 하면

$(100) \times x = 125.5555\cdots$

$-\underline{) \ (10) \times x = \ 12.5555\cdots}$

$90 \times x = (113)$

$x = \dfrac{(113)}{(90)}$

15 순환소수 본문 107쪽

1 ③

(해설)

① 0.90909…… → 90

② 1.23123123…… → 231

③ 0.09999…… → 9

④ 1.21212…… → 21

⑤ 0.0100101001…… → 01001

2 2

(해결 과정)

순환하는 수를 찾아보면 (428571)이에요. 순환마디가 (6)개이므로 소수 50번째 자리에 올 수는 50을 (6)으로 나눈 나머지를 이용해요.

50을 (6)으로 나누면 나머지가 2이므로 소수 50번째 자리에 올 수는 소수 (2)번째 오는 수와 같아요. 답은 (2)이에요.

한 걸음 더) 원주율 파이 본문 111쪽

1 =

(풀이)

원주÷지름을 (원주율)이라고 하며 그 비는 (일정)합니다. 따라서 모든 원의 원주율은 π로 (=)입니다.

2 100πcm

(풀이)

지름이 20cm인 원을 1바퀴 굴리면 굴러간 거리는 (원주)와 같아서 (20π)cm예요. 따라서 5바퀴 굴러간 거리는 (100π)cm입니다.

3 약수와 배수의 세계

01 약수 본문 117쪽

1 (1) 3개

(해결 과정)

72의 약수는 (1, 2, 3, 4, 6, 8, 9, 12, 18, 24, 36, 72)이며, 이 중에 홀수는 (1, 3, 9)로 총 (3)개입니다.

(2) 4

(해결 과정)

1의 약수를 구하면 (1)이고 (1)개예요.

2의 약수를 구하면 (1, 2)이고, (2)개예요.

3의 약수를 구하면 (1, 3)이고, (2)개예요.

4의 약수를 구하면 (1, 2, 4)이고, (3)개예요.

따라서 약수의 개수가 3개인 수 중에서 가장 작은 수는 (4)예요.

2 8, 10

(해결 과정)

두 수의 곱이 80인 두 수는 (80)의 약수예요. 곱해서 80이 되는 두 수를 찾으면 (1, 80), (2, 40), (4, 20), (5, 16), (8, 10)이며, 그중에서 합이 가장 작은 두 수는 (8, 10)입니다.

02 공약수 본문 121쪽

1 (1) 1, 3, 9

(해설)

63의 약수: 1, 3, 7, 9, 21, 63

27의 약수: 1, 3, 9, 27

(2) 1, 2 ,5, 10

(해설)

20의 약수: 1, 2, 4, 5, 10, 20

30의 약수: 1, 2, 3, 5, 6, 10, 15, 30

2 사탕과 초콜릿이 12개, 16개가 있다면 2명의 학생에게 각각 (6)개, (8)개씩 나누어 줄 수 있고, 4명의 학생에게는 각각 (3)개, (4)개씩 나누어 줄 수 있습니다. 사탕과 초콜릿을 남김없이 나누어 줄 수 있는 학생 수는 12와 16의 (공약수)인 (1)명, (2)명, (4)명이에요.

03 최대공약수　본문 125쪽

1　36의 약수: 1, 2, 3, 4, 6, 9, 12, 18, 36
48의 약수: 1, 2, 3, 4, 6, 8, 12, 16, 24, 48
36과 48의 공약수: 1, 2, 3, 4, 6, 12
36과 48의 최대공약수: 12
36과 48의 최대공약수의 약수: 1, 2, 3, 4, 6, 12

2　사과 6개, 배 5개

해설

54와 45의 최대공약수는 9이고, 54÷9=6, 45÷9=5이므로 학생 1명이 받을 수 있는 사과는 6개, 배는 5개입니다.

04 약분　본문 129쪽

1　2, 3, 6

해설

24와 42의 최대공약수는 6이에요. 그리고 이 최대공약수의 약수는 1, 2, 3, 6이에요. 이 중에서 1을 제외하고 분모와 분자를 나눌 수 있는 수는 2, 3, 6이에요.

2　$\dfrac{4}{12}$

3　③

해설

① $\dfrac{24}{36} = \dfrac{24 \div 2}{36 \div 2} = \dfrac{12}{18}$

② $\dfrac{24}{36} = \dfrac{24 \div 3}{36 \div 3} = \dfrac{8}{12}$

③ $\dfrac{24}{36} = \dfrac{24 \div 4}{36 \div 4} = \dfrac{6}{9} \neq \dfrac{6}{12}$

④ $\dfrac{24}{36} = \dfrac{24 \div 4}{36 \div 4} = \dfrac{6}{9}$

⑤ $\dfrac{24}{36} = \dfrac{24 \div 12}{36 \div 12} = \dfrac{2}{3}$

05 역수　본문 133쪽

1　$\dfrac{1}{9}$

해설

역수를 각각 구하면 $\dfrac{2}{1}=2$, $\dfrac{3}{1}=3$, $\dfrac{7}{5}$, $\dfrac{9}{1}=9$, $\dfrac{9}{5}$이므로 가장 큰 수는 9입니다. 따라서 역수가 가장 큰 수는 $\dfrac{1}{9}$이에요.

2　10 / 16

해결 과정

① $4 \div \dfrac{2}{5} = 4 \times \dfrac{⑤}{②} = \dfrac{⑳}{②} = ⑩$

② $⑩ \div \dfrac{5}{8} = ⑩ \times \dfrac{8}{5} = \dfrac{⑧⓪}{5} = ⑯$

06 배수　본문 137쪽

1　약수 / 배수

2　(1) 10개

해설

① 12, 15, 18, 21, 24, 27, 30, 33, 36, 39이므로 10개예요.

② 40을 3으로 나누면 몫이 13이므로, 1부터 40까지의 3의 배수는 13개예요. 그리고 10을 3으로 나누면 몫이 3이므로, 1부터 10까지의 3의 배수는 3개입니다. 따라서 10보다 크고 40보다 작은 3의 배수는 13-3=10개입니다.

(2) 4의 배수: 4, 8, 12
12의 배수: 12, 24, 36

07 공배수 본문 141쪽

1 (1) 24, 48

풀이

8의 배수는 (8, 16, 24 …)
12의 배수는 (12, 24, 36, 48 …)
따라서 공배수 2개는 (24, 48)

(2) 12, 24

풀이

4의 배수는 (4, 8, 12, 16, 20, 24 …)
6의 배수는 (6, 12, 18, 24 …)
따라서 공배수 2개는 (12, 24)

2 3개

해설

4와 6의 공배수는 12의 배수예요.
12의 배수는 12, 24, 36, 48 … 이고, 이 중에서 21보다 크고 50보다 작은 수는 24, 36, 48이에요. 따라서 답은 3개예요.

08 최소공배수 본문 145쪽

1 (1) $12 = 2 \times 2 \times 3$, $18 = 2 \times 3 \times 3$
최소공배수는 $2 \times 2 \times 3 \times 3 = 36$

(2)
$$\begin{array}{r} 2)\overline{12 \quad 18} \\ 3)\overline{16 \quad 19} \\ \overline{2 \quad 3} \end{array}$$
최소공배수 $= 2 \times 3 \times 2 \times 3$
$\qquad\quad = 36$

2 3회전

해결 과정

㉮톱니바퀴의 개수는 (12)개이므로 2회 회전하면 (24)개의 톱니가 맞물리게 돼요. ㉯톱니바퀴의 개수는 (8)개이므로 함께 회전한 수를 식으로 구하면 (24÷8=3)이에요. 따라서 (3)회전을 해요.

09 서로소 본문 149쪽

1 ②, ⑤

2 17개

해결 과정

6과 서로소가 되려면 (2)의 배수도 (3)의 배수도 아니어야 해요. 1부터 50까지의 2의 배수는 (25)개, 3의 배수는 (16)개, 2와 3의 공배수인 6의 배수는 (8)개예요. 따라서 6과 서로소인 자연수의 개수를 구하는 식은 (50-(25+16-8))이므로 정답은 (17)개예요.

3
$$\begin{array}{r} \textcircled{6})\overline{12 \quad 18 \quad 30} \\ \textcircled{2} \quad \textcircled{3} \quad \textcircled{5} \end{array}$$

10 소인수 본문 153쪽

1 3

해설

$\dfrac{21}{x}$ 가 자연수가 되려면 x는 21의 약수

$\dfrac{18}{x}$ 가 자연수가 되려면 x는 18의 약수

21과 18의 최대공약수는 3이에요.

2 (1) 2, 3
   (2) 17

3 (풀이 참고)

(풀이)

7년을 주기로 하며 사는 매미와 3년을 주기로 하는 천적은 (21)년마다 만납니다. 그런데 주기가 6년으로 줄어들면 (6)년마다 천적을 만나게 돼요. 천적의 주기가 3년이므로 3의 (배수)를 피해야 위험을 줄일 수 있어요.

11 거듭제곱   본문 157쪽

1 (1) $2^3 \times 3^2$
   (2) 3^{10}

2 가장 작은 수는 2^4, 가장 큰 수는 3^3

(해설)

$2^4 = 16$, $3^3 = 27$, $5^2 = 25$

3 $\left(\dfrac{1}{2}\right)^2$

(해설)

① 직접 계산하여 비교하기

$\left(\dfrac{1}{2}\right)^2 = \dfrac{1}{4}$, $\left(\dfrac{1}{2}\right)^3 = \dfrac{1}{8}$, $\left(\dfrac{1}{2}\right)^4 = \dfrac{1}{16}$, $\left(\dfrac{1}{2}\right)^5 = \dfrac{1}{32}$

② 밑이 1보다 작은 수로 같고, 지수가 다른 경우 지수가 큰 수가 더 작다.

따라서 가장 큰 수는 지수가 가장 작은 $\left(\dfrac{1}{2}\right)^2$

12 소인수분해   본문 161쪽

1 (1) $72 = 2^3 \times 3^2$
   (2) $65 = 5 \times 13$

2 72의 약수의 개수는 (12)개이고, 이 중에서 2의 배수는 (9)개, 3의 배수는 (8)개다.

(해설)

$72 = 2^3 \times 3^2$이므로 약수의 개수를 계산하면,

$(3+1) \times (2+1) = 12$개

72의 약수들을 표로 나타내면,

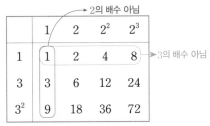

2의 배수는 12개 − 3개 = 9개

3의 배수는 12개 − 4개 = 8개

쉬어 가기   본문 165쪽

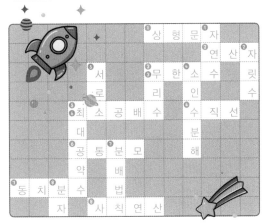

243

4 정수와 유리수의 세계

01 수직선　본문 171쪽

1　$A(-3)$, $B(+1)$, $C\left(+\dfrac{5}{2}\right)$, $D(+5)$

2　$+1$, -7

（해결 과정）

-3에서 4만큼 큰 수는 수직선에서 (오른쪽)으로 (4)칸 이동하므로 대응하는 수는 $(+1)$이고, -3에서 4만큼 작은 수는 수직선에서 (왼쪽)으로 (4)칸 이동하므로 대응하는 수는 (-7)이에요.

3　10개 층

（해결 과정）

5층에서 3개 층을 내려왔으므로 처음 이동한 층은 (3)개 층이에요. 다시 (3)개 층을 올라간 후 1층까지 (4)개 층을 내려왔어요. 따라서 총 (10)개 층을 이동했어요.

02 양수　본문 175쪽

1　$\dfrac{1}{2}$, $+3$, $+5.8$, $\dfrac{3}{4}$

（해설）

양수는 양의 부호 $(+)$를 사용하거나 또는 생략하기도 해요.

2　① $+20000$원　② $+2$킬로그램　③ $+5$층

3　(1) $+4$
　(2) $+1$

03 음수　본문 179쪽

1　(1) $+9$
　(2) $+1$
　(3) -8
　(4) $+2$

2　거창

（해설）

각 지역의 일교차는 거제 12, 남해 12, 양산 14, 거창 19, 밀양 18이에요. 따라서 일교차가 가장 큰 지역은 거창이에요.

04 영　본문 183쪽

1　100

（해설）

8020을 십의 자리에서 올림한 수는 8100이에요 그리고 십의 자리에서 반올림한 수는 8000이에요. 따라서 두 수의 차이는 100이에요.

2　(1) -3
　(2) $+5$

（해설）

양수 a에 대하여 a와 $-a$의 합은 0이에요.

05 정수　본문 188쪽

1　(1) -10
　(2) -4

（해설）

⑴ $(-4)+(-6)=-10$
⑵ $(-5)+(+6)+(-5)=+1+(-5)+(-5)$
　　　　　　　　　　　　　$=-4$

2 (1) 서로 다른 부호이므로 계산 결과는 음수예요.
$$(+4) \times (-6) = -24$$
(2) 서로 다른 부호이므로 계산 결과는 음수예요.
$$(+24) \div (-6) = -4$$

쉬어가기 본문 189쪽

06 절댓값 본문 193쪽

1 ②

해설

① '양수'의 절댓값은 자기 자신과 같아요.

② 음수의 절댓값은 양수예요.

③ 절댓값이 0인 수는 1개예요

④ 절댓값이 같은 수가 항상 2개는 아니에요. 절댓값이 0인 수는 0 하나예요.

⑤ 절댓값은 항상 0보다 크거나 같아요.

2 (1) -4

해설

$(+5) + (-3)$은 다른 부호의 덧셈이므로 절댓값의 차에 +를 써요

$(+5) \times (-3) = +2$

이 계산 결과에 (-6)을 더해요.

$(+2) + (-6)$

서로 다른 부호이므로 절댓값의 차에 $-$를 붙여요.

$(+2) + (-6) = -4$

(2) $+1$

해설

$(-2) + (-6)$은 같은 부호이므로 절댓값의 합에 공통부호 $-$를 붙여요

$(-2) + (-6) = -8$

이 계산 결과에 $(+9)$를 더해요.

$(-8) + (+9)$

서로 다른 부호이므로 절댓값의 차에 $+$를 붙여요.

$(-8) + (+9) = +1$

07 유리수 본문 197쪽

1 $(-1)^{10} + (-2)^2 \times \dfrac{1}{4} - \{(-2) + (+3) \times (-2)\}$

$$(-1)^{10} + (-2)^2 \times \frac{1}{4} - \{(-2) + (+3) \times (-2)\}$$
$$= (+1) + (+1) - \{(-2) + (-6)\}$$
$$= (+2) - (-8)$$
$$= (+2) + (+8) = +10$$

2 서연이 풀이가 틀렸어요.

셋째 줄에서 $\times$인데 $\div$로 계산하여 잘못된 답이 나왔어요.

08 무리수　본문 201쪽

1　2개(0.123123412345⋯, π)

2　$P(-1+\pi)$ / $Q(-1-\pi)$

（계산 과정）

점 P는 -1에서 오른쪽으로 (π)만큼 이동했으므로
점 P의 좌표는 ($P(-1+\pi)$)
점 Q는 -1에서 왼쪽으로 (π)만큼 이동했으므로
점 Q의 좌표는 ($Q(-1-\pi)$)

⑤ 실수와 제곱근의 세계

01 실수　본문 209쪽

1　3개

（해설）

유리수가 아닌 실수는 무리수예요. 여기서 무리수는
π, 0.121231234⋯, $\pi-1$ 3개예요.

2　①

（해설）

실수는 양의 실수, 0, 음의 실수로 구분할 수 있어요.

02 제곱　본문 213쪽

1　(1) $(-2)^2+(-3)^2\times2^2=4+36=40$
　　(2) $11^2=121$, $111^2=12321$

2　우리 집 거실 화장실은 1평이야. 거실이 10평이
고, 방 3개의 넓이를 합하면 13평이야. 현관이
랑 주방의 넓이를 합하면 5평이고, 아! 맞다. 화
장실은 거실 화장실과 넓이가 같은 안방 화장실도
있어. 그럼 총 (30)평이네. 1평이 3.3제곱미터
(m^2)이니까 우리 집은 총 (99)제곱미터야.

03 밑과 지수　본문 217쪽

1　-1

（해설）

$(-1)^{홀수}=-1$, $(-1)^{짝수}=1$
$(-1)^{홀수}+(-1)^{짝수}=0$
따라서
$(-1)+(-1)^2+(-1)^3+\cdots+(-1)^{2023}$
$=0+(-1)=-1$

2 $1110 = 1 \times 2^3 + 1 \times (2^2) + 1 \times 2 = (14)$

04 지수법칙 본문 221쪽

1 (1) $3^3 \times 3^5 \div 3^3 = 3^{3+5-3} = 3^5$

   (2) $(3^2 \times 5^3)^2 = 3^{2 \times 2} \times 5^{3 \times 2} = 3^4 \times 5^6$

2 4

   해설

   지수의 차를 이용하여 ( ) $-3-1=0$ $\therefore$ ( ) $=4$

3 24마리

   해설

   박테리아가 17분이 지나면 2마리, 34분이 지나면 4마리, 51분이 지난 후에는 8마리가 되어 있어요. 따라서 처음에 3마리는 $3 \times 2^3 = 24$, 즉 24마리가 되어 있어요.

05 제곱근 본문 225쪽

1 (1) 4, -4

   해설

   $(-2)^4 = 16$이고, 16의 제곱근은 4 또는 -4입니다.

   (2) 256의 제곱근은 (16 또는 -16)이고, 제곱근 225는 (15)입니다.

2 직각이등변삼각형이 1센티미터 더 길어요.

   해결 과정

   넓이가 169제곱센티미터인 정사각형 한 변의 길이는 (13)센티미터예요. 그리고 넓이가 98제곱센티미터인 직각이등변삼각형의 빗변이 아닌 다른 변의 길이는 (14)센티미터예요. 따라서 (직각이등변삼각형)이 (1)센티미터 더 길어요.

06 근호 본문 229쪽

1 2개

   해설

   색칠한 부분은 실수 중 유리수가 아닌 무리수예요. 무리수는 $\sqrt{2}-1$, π 총 2개예요.

2 $P(1+\sqrt{5})$, $Q(1-\sqrt{5})$

   해설

   정사각형 ABCD의 넓이는 모눈종이 한 칸의 간격이 1이므로 그림과 같이 한 변의 길이가 3인 정사각형의 넓이에서 넓이가 1인 직각삼각형 4개를 빼면 5입니다.
   따라서 정사각형 한 변의 길이인 선분AB의 길이는 $\sqrt{5}$예요. 따라서 점 P와 Q의 좌표는 $P(1+\sqrt{5})$, $Q(1-\sqrt{5})$

도움·검수해 주신 분들	〈함께하는 수학학원〉
	서희원 선생님, 정미윤 선생님, 이현이 선생님, 오은진 선생님
	임효진, 임하율

| 본문 디자인·조판 | 이츠북스 |

수학의 문해력 ①
수의 세계

초판 1쇄 2022년 11월 7일

지은이 백은아

펴낸이 김한청
기획편집 원경은 김지연 차언조 양희우 유자영 김병수 장주희
마케팅 최지애 현승원
디자인 이성아 박다애
운영 최원준 설채린

펴낸곳 도서출판 다른
출판등록 2004년 9월 2일 제2013-000194호
주소 서울시 마포구 양화로 64 서교제일빌딩 902호
전화 02-3143-6478 **팩스** 02-3143-6479 **이메일** khc15968@hanmail.net
블로그 blog.naver.com/darun_pub **인스타그램** @darunpublishers

ISBN 979-11-5633-497-2 (64410)
    979-11-5633-509-2 (세트)